LÄDEN 23/24

dfv Mediengruppe
Fachbuch

BIBLIOGRAFISCHE INFORMATION DER DEUTSCHEN NATIONALBIBLIOTHEK
Die Deutsche Nationalbibliothek verzeichnet diese Publikation in der Deutschen Nationalbibliografie; detaillierte bibliografische Daten sind im Internet über http://dnb.d-nb.de abrufbar.

ISBN 978-3-86641-356-6

REDAKTION	Anja Haak, Aziza Freutel, Melanie Gropler, Julia Schygulla und Redaktion TextilWirtschaft
GESTALTUNG	die basis, www.die-basis.de, Wiesbaden
PRODUKTION	Thomas Mattner, X-Production, Aschaffenburg
PROJEKTLEITUNG	Caroline Schauwienold, Frankfurt am Main
PROJEKTMANAGEMENT	Elin Wagner, Frankfurt am Main
ANZEIGENLEITUNG	Katrin Kortmann, Kortmann Verlagsdienstleistungen, Königstein im Taunus
TITELFOTOS	Marco Cepelletti, Courtesy of Stone Island and OMA/AMO, für Stone Island, München
DRUCK UND BINDUNG	optimal media GmbH, Röbel an der Müritz

www.dfv-fachbuch.de
www.TextilWirtschaft.de

LÄDEN 23/24

INHALT

DESIGN YOUR IR PIECE
1. PICK STYLE
2. GRAB ARTWORKS
3. PRINT IT
4. ROCK IT

hello world

VORWORT

Um Erlebnisse zu kreieren, wird immer mehr Technologie eingesetzt – allerdings mehr im Hintergrund als sichtbar. Denn das Schaffen möglichst naturnaher und einladender Umgebungen steht im Vordergrund. Dabei erfüllen Räume zunehmend mehrere Funktionen. Der reine Verkaufsraum ist Geschichte.

EINTRITT IN **NEUE SPHÄREN**

links: **Superlativ in der Wüste.** In Las Vegas hat »The Sphere at the Venetian Resort« eröffnet: Eine kugelförmige Veranstaltungshalle, die innen und außen mit mehr als 50 Millionen LEDs versehen ist. Diese lassen sich beliebig mit Bildmaterial bespielen. © Kyungsub Shin

unten: **Immersive Genussreise.** Im Eatrenalin in Rust bringen einen sogenannte Floating Chairs von einem kulinarischen Erlebnis zum nächsten. Die gesamte Raumumgebung, inklusive Duft, ist auf die Gerichte abgestimmt. ©Atelier 522

Sonnenaufgang über dem Meer, Sternenhimmel über der Wüste oder einfach nur die Songtexte in Leuchtbuchstaben. Als U2 Mitte September das erste Konzert in »The Sphere at the Venetian Resort« in Las Vegas spielte, war neben der Band um Frontmann Bono die Konzerthalle der eigentliche Star des Abends. Wie ein auf einer Wiese gelandeter, leuchtender Ball liegt das Gebäude am Rande der Wüstenstadt. Mehr als 50 Millionen Leuchtdioden wurden innerhalb von vier Jahren verbaut. Entstanden ist eine weltweit einmalige Veranstaltungshalle, deren Hülle außen und innen komplett

oben links: **Dreamhouse für alle.** Anlässlich des Filmstarts und zum Verkaufsstart der eigenen Barbie-Kollektion verwandelte Zara in New York und Paris (hier im Bild) die Verkaufsfläche ins legendäre pinke Barbie-Haus.
© Ophelie Maurus

oben rechts: **Frostiger Verkaufsraum.** Der Pop-up-Store im Lake Songhua Resort in China war schon materialbedingt nur von begrenzter Dauer. Der Store wurde komplett aus Eisblöcken erbaut.
© Dior

Wie Zuhause: **Wohnen wie Sir Paul Smith** – das ist im Brown's Hotel in London seit Anfang 2023 möglich. Hier wurde eine ganze Suite in der Optik des Designers eingerichtet.
© Paul Smith / Brown's

digital bespielt werden kann. Durch die Form des Gebäudes können die Besucherinnen und Besucher so 3D erleben, ganz ohne Brille. Der Großteil der Sessel ist zudem mit Duftspendern und haptischen Bewegungsmodulen ausgestattet, die passend zum Event eingesetzt werden können. So kommt eine zusätzliche Erlebnisdimension hinzu, in die die Menschen – ganz ohne technische Hilfsmittel – eintauchen, sie immersiv erleben können.

Immersiv, abgeleitet vom englischen Wort »immersion«, was auf Deutsch so viel wie »Vertiefung in eine Sache« bedeutet, ist das neue Label für Erlebnisse. Es beschreibt das Eintauchen in neue Welten, neue Sphären der Raumgestaltung. Im Großen sind das Hallen, die mit Bildern von van Gogh geflutet werden und so ein Eintauchen in seine Bilderwelt auf eine ganz neue Art und Weise ermöglichen, im Kleinen sind das einzelne Räume, auch Läden, in denen komplette Welten erschaffen werden, man denke nur an den NBA-Flagship-Store in der Berlin Mall The Playce, wo schon der quietschende Boden an die Sporthallen und den Sound während der Spiele erinnert.

Die Schaffung dieser Welten, ob im Entertainment oder im Retail, ist eine Folge der neuen Seh- und Erlebnisgewohnheiten der Menschen. Videospiele, Freizeitparks oder 3D-Filme setzen neue Standards, die auch auf andere Branchen ausstrahlen. Im Frühjahr eröffneten die Macher des Europa Parks in Rust ein Sterne-Restaurant. Das Besondere daran: Die Gäste des Eatrenalin nehmen in fahrbaren Sesseln Platz, die sie zu jedem Gang in einen neuen Raum fahren. Dort erwartet sie neben dem passenden Wein zum Essen die passende Raumgestaltung inklusive abgestimmtem Licht-, Duft- und Soundkonzept. Die neuen

Gemeinsames Erlebnis: Snipes in Berlin-Neukölln bietet Raum für Tanzen, Musik produzieren und Basketballspielen. © Snipes

Wald im Store: Der neue Store von Salewa in Bozen am Hauptquartier vereinigt natürliche Materialien mit moderner Lichttechnik. © Rocco Ceo

Technologien machen es möglich. Sie haben sich weiterentwickelt, nicht zuletzt ermöglicht die LED erst, dass ein Gebäude wie The Sphere bespielt werden kann.

Für die Ladengestaltung bringt der Trend zum immersiven Erlebnis zweierlei mit sich: Technologie liefert immer mehr Möglichkeiten, und die Menschen sind immer umfassendere Erlebniswelten gewohnt. Daran müssen sich Storedesigner und Handelsunternehmen bei der Gestaltung ihrer Verkaufsräume anpassen.

Allerdings bedeutet das bei weitem nicht, dass jeder Laden nun ein The Sphere im Kleinformat sein muss. Ganz im Gegenteil. Denn, was die immersiven Erlebnisse vor allem zeigen, ist, dass die Menschen sie natürlich – ohne technische Hilfsmittel wie Brillen oder Kopfhörer – erleben können und wollen. Eine Entwicklung, die für die Handelsunternehmen positiv ist. Denn das Kreieren von Shoppingwelten, das Storytelling von Sortimenten, ist eigentlich schon immer die Aufgabe des Handels und der Ladengestaltung. Die neuen technologischen Möglichkeiten eröffnen dabei neue Dimensionen, doch sie sind nicht der einzige Weg, um Orte zu schaffen, an denen sich Menschen aufhalten, sich austauschen, einkaufen wollen.

Erlebniswelten lassen sich auch mit Materialien wie Sichtbeton, Eichenholz, Metall, Stoffen mit verschiedener Haptik, Beduftung des Raums, passendem Sound und der auf all dies abgestimmten Lichtplanung kreieren. Dabei spielt zunehmend Tageslicht eine Rolle. All das beeinflusst das Raumgefühl, das die Besucherinnen und Besucher im Store erleben. Das neue Store-Design von Stone Island wirkt modern, technisch und doch erdverbunden. Die raue Oberfläche der Wände, das kühle Metall, die samtenen Vorhänge laden zum Berühren und Drüberstreichen ein und betonen gleichzeitig den naturverbundenen Gestaltungsansatz des Unternehmens.

Zeitreise an der King's Road: Rixos erster Flagship-Store ist passend zur Kollektion im Vintagestil gestaltet. © Megan Taylor

Offene Türen an der Regent Street. Lacoste hat in London einen neuen Laden an einer der Haupteinkaufsstraßen eröffnet. Nachts werden die Verkaufsräume schon mal vollständig in Lacoste-Grün getaucht. © Marie Lukasiewic

Nike mal anders. In dem neuen Store in Shibuya dreht sich alles um Basketball. Eine großzügige Sofalandschaft lädt zum Chillen unter der Trophäenwand ein. © Nike / Jordan Brand

Eigentlich unübersehbar. Das ist der neue Isabel Marant-Store in Tokio. Nicht nur durch die Fassadenfarbe entwickelt der Store Signalkraft, sondern auch durch die Materialität. © Isabel Marant

Bei Ludwig Beck in München erinnern in der neu gestalteten Bademodenabteilung Schiffsmasten und gespannte Taue an Segelboote und Wassersport. Eine Assoziation, die die Kacheln in verschiedenen Blautönen noch unterstreichen und so nicht nur zur Orientierung in dem mehr als 12.000 m² großen Erlebnishaus am Marienplatz beitragen, sondern auch ein Eintauchen in die Abteilung ermöglichen. Bei Rixo in London lässt sich direkt an der King's Road eine Zeitreise in eine kunterbunte Vintage-Welt antreten, inklusive Drink an der runden Bar, die von Leuchten in Kugelformen in schummriges Licht getaucht wird. Dass im Hintergrund leise Musik aus den 50er- und 60er-Jahren läuft, rundet den Eindruck ab. Mehr als ein vernünftiges Soundsystem ist dafür nicht notwendig.

In den Eröffnungen dieses Jahres zeigt sich aber auch noch etwas anderes: Der menschliche Faktor rückt stärker in den Fokus. Die Läden bieten Fläche für Interaktion, für das Aufeinandertreffen, für das gemeinsame Verweilen von Menschen. Dafür werden wertvolle Quadratmeter geopfert. »Wir bieten den Menschen eine Plattform für den sozialen Austausch. Im Sommer kühlen wir sie, im Winter wärmen wir sie«, formulierte Alexander von Preen, Präsident des Handelsverband Deutschland (HDE), im Herbst 2023 auf einem Kongress das, was der Anspruch des Handels sein sollte und immer mehr ist. »Früher ist man zum Arzt gegangen, heute geht man wieder in den Einzelhandel, um ein Gespräch zu führen, andere Menschen zu treffen.« Gemeinschaften Raum geben, die Verweildauer erhöhen, aber vor allem sie dadurch auch an das eigene Unternehmen zu binden, diese Strategie verfolgen viele Handelsunternehmen. Mit dem Community Building ändert sich die Bewertung der Verkaufsfläche. Ihr Wert kann allerdings nicht mehr in Quadratmeterumsätzen gemessen werden.

Die Suche nach der Kennzahl für eine erfolgreiche Bespielung der trotz des sich abschwächenden Immobilienhypes teuren Quadratmeter läuft. Allerdings lassen sich Erleben, Freude, Staunen und Träumen nur schwer in einer Zahl erfassen. Außer die begeisterten Fanmassen sorgen mit ihrem Springen für Ausschläge auf der Erdbebenskala, wie es im Sommer 2023 bei einem Konzert von Taylor Swift der Fall war. Neben der aufwändigen Show ließ dort vor allem eines die Stimmung in diese Höhen steigen: Das Gefühl des gemeinsamen Erlebens.

Aziza Freutel

Einblick

Tina Jokisch und Marie Dorenz

Schwitzke & Partner

Die Küche der Zukunft als Erlebniswelt.
Siemens Pop-Up Space 2023.

THE KOOPLES
THE KOOPLES

DULA SCHAFFT [ERLEBNIS-]RÄUME

Das international tätige Ladenbauunternehmen Dula steht für innovative, ganzheitliche und nachhaltige Ladengestaltung und exklusiven Innenausbau. Dula gestaltet [Erlebnis-]Räume, kreiert individuelle Wohlfühlwelten und schafft eine Atmosphäre, die verkaufen hilft.

Um sich von der Konkurrenz und dem Online-Handel differenzieren zu können, muss der Einzelhandel nachhaltige Erlebnis-Momente bieten. Dabei stehen Kundenbindung und Markenbildung im Fokus. Eine ganzheitliche Betrachtung und ein genau auf den Einzelfall zugeschnittenes Konzept sind maßgebend für den Erfolg.

Bereits in den 80er Jahren beschäftigte sich Heinz-Herbert Dustmann, Geschäftsführer der Dula-Gruppe, mit den Zusammenhängen, Einflüssen und Interdependenzen von Licht, Formen und Design, Materialien, Klima, Gerüchen und Musik im Rahmen der Gestaltung von Räumen. In seiner Diplomarbeit und der darauf basierenden Publikation, die von der Universität St. Gallen veröffentlicht wurde, analysierte Heinz-Herbert Dustmann als Pionier die Idee der Ganzheitlichkeit sämtlicher Faktoren im Hinblick auf ihre harmonische und sinnstiftende Abstimmung.

Seit dem Start im Jahr 1953 hat sich Dula zu einem der führenden europäischen Unternehmen im Bereich der ganzheitlichen Ladengestaltung und des exklusiven Innenausbaus entwickelt. Heute engagieren sich weltweit über 700 Beschäftigte für die kreative Planung, Entwicklung und Montage von Projekten, die für Individualität und hohen Erlebniswert stehen.

Dula realisiert Projekte für weltbekannte Marken, führende Kauf- und Warenhäuser sowie im Schiffsinnenausbau, in Hotels, Restaurants, Banken, Versicherungen, Verwaltungen und Konferenzräumen.

Zur Dula-Gruppe gehören Design-, Planungs- und Verkaufsbüros sowie Dula-Werke u. a. in Deutschland, Dubai, Großbritannien, Litauen, Spanien und den USA.

In Dortmund-Hombruch gibt es mit dem Dula-Center seit 1971 die Dula-Welt zum Anfassen. Dazu gehören das Dula-Studio, die Dula-Hauptverwaltung und der unternehmenseigene Lifestyle-Store DUSTMANN.

Kunden aus aller Welt können dort entdecken, wie das ganzheitliche Zusammenspiel von Klima, Licht, Akustik und Düften, alle Sinne anspricht und so eine Atmosphäre schafft, die verkaufen hilft.

Ganzheitliche Ladengestaltung trägt dazu bei, positiv und dauerhaft in Erinnerung zu bleiben. Für Händler wird sie zum Wiedererkennungswert, Alleinstellungsmerkmal und Erfolgsfaktor.

dula

Dula-Werke Dustmann & Co. GmbH | BRANCHE Ganzheitlicher Ladenbau, exklusiver Innenausbau | GRÜNDUNG 1953 | INNOVATIONEN elektrifizierte Ladenbausysteme, modulare Ladengestaltung | KONTAKT Karlsbader Straße 1a, 44225 Dortmund, T 0231 71 00 271, E info@dula.de, www.dula.de

GO UP!
CALM DOWN!

ECOALF

$< 500\ m^2$

CASHDESK

SNIPES, BERLIN

Der Store in der Alten Post in Berlin-Neukölln ist ein Meilenstein in der 25-jährigen Geschichte des Kölner Streetwear-Retailers Snipes. In zweierlei Hinsicht. Es ist der 400. Store in Europa. Und der erste mit integriertem Tanz- und Tonstudio.

IT'S ALL ABOUT COMMUNITY

Früher wurden hier Briefmarken verkauft, nun gehen hier trendy Sneaker und angesagte Streetwear über die Ladentheke. Und nicht nur das. Snipes hat in der Alten Post in Berlin-Neukölln einen einzigartigen Community Space mit professionellem Tanz- und Tonstudio eröffnet. Studio44 – die 44 steht für die Bezeichnung des früheren Postzustellbezirks des nördlichen Neuköllns – ist ein 240 m² großer Community Space mit Studio, Lounge, Küche und Tanzraum, der an die Einzelhandelsfläche angeschlossen ist, aber auch einen eigenen Eingang hat.

Er ist mit hochwertigen Möbeln und professionellem technischem Equipment ausgestattet und soll sozialen Einrichtungen, Schulen, Musik- und Tanzschulen sowie Artists und lokalen Talenten aus Neukölln kostenlos und nach vorheriger Anmeldung offenstehen. Ein Tontechniker unterstützt die Musiker und angehenden Künstler bei den Aufnahmen und im Umgang mit der Technik.

»Machen, nicht reden«, das ist die Devise von Snipes-CEO Sven Voth und die zeigt sich in diesem Projekt mehr als deutlich. Man wolle der Community etwas zurückgeben, so Voth. Dieses Mindset habe er aus den USA mitgenommen, wo sich Unternehmen sehr viel stärker sozial engagieren und damit viel bewirken.

Den optimalen Standort für dieses Projekt hat Snipes in der denkmalgeschützten Immobilie Alte Post im Zentrum des

CASHDESK

Neuköllner Kiezes gefunden. Wenngleich das Gebäude keine klassischen Schaufenster hat, nutzt Snipes den Touchpoint Außenfassade mit großformatigen Snipes-Schriftzügen, die schon von weitem sichtbar sind. Der Store selbst befindet sich im ersten OG, das über einen Treppenaufgang erreichbar ist. Schon hier ist vom piefigen Postamt nichts mehr zu spüren, dafür sorgt das großformatige Artwork der Berliner Graffiti Crew 1UP.

Oben angekommen, öffnet sich die Fläche wie ein Trichter. Fächerartig ausgerichtete Laufwege führen in den rund 500 m² Store hinein, der wie eine Berliner U-Bahn-Station – der Hermannsplatz soll Pate fürs Design gestanden haben – gestaltet ist. Einige Elemente mussten aus Denkmalschutzgründen erhalten bleiben, wie die Backsteinmauer: Sie steht nun hinter einer Schuhwand aus Glasbausteinen mit durchsichtigen LED-Wänden.

Auch Teile der Originaldecke aus DDR-Zeiten wurden gekonnt integriert, genauso wie der Boden. Kombiniert wurden sie mit modernen Elementen wie LED-Schirmen, die wie die Anzeigetafeln in U-Bahnstationen gestaltet sind, gefliesten Säulen und Wänden in Weiß, Gelb, Grau und Orange neben klassischen Warenträgern und Regalen.

Auch lokale Bezüge zum Kiez finden sich: So ist die Kasse, der sogenannte Cashdesk, einem Berliner Späti nachempfunden und der Automat mit typisch Neuköllner Dingen vom Bro Icetea über Sonnenblumenkerne bis zum Einweg-Handy gefüllt.

Entwurf und Konzept zur kompletten Location stammen von der Snipes Bauabteilung. Die arbeitet bereits an der nächsten Community Location, die in Kürze in Paris, in St. Denis, eröffnen soll.

Karl-Marx-Straße 97–99, 12043 Berlin | ERÖFFNUNG September 2023 | GRÖSSE Verkaufsfläche rund 500 m², Studio44 rund 240 m² | ARCHITEKTUR Konzept und Design der Verkaufsfläche: Michael König, Konzept und Design des Studio44: Marcus Merta | LADENBAU Seibel und Weyer, Spezialbauten: F.G. Meier, Bau und Planung des Musikstudios: Acoustic Spaces, Digital: P.O.S. The Instore Experience & HG Videowall | LICHT Ansorg | FOTOS Snipes

ECOALF

ECOALF

ECOALF, MADRID

In Madrid öffnet der erste Net Zero-Store von Ecoalf. Das spanische Nachhaltigkeitslabel ist seit 2018 als erste spanische Modemarke B-Corp zertifiziert und geht damit noch einen weiteren Schritt in Richtung Klimaneutralität.

ALLES FÜR CO_2-NEUTRALITÄT

Ganz im Sinne der Firmenphilosophie, Nachhaltigkeit in allen Dingen erreichen zu wollen, hat das spanische Label Ecoalf seinen neuen Laden in Madrid präsentiert. In Caleido, direkt neben dem Tower der IE University, ist in Zusammenarbeit mit dem international tätigen Innenarchitekten Lorenzo Castillo und den Experten von MVN Arquitectos, die sich mit bioklimatischer Architektur befassen, ein klimaneutraler Store entstanden.

Das Ziel der bioklimatischen Architektur ist es, den Energieverbrauch des Hauses sowie dessen Einfluss auf die Umwelt zu reduzieren. Es bedeutet außerdem, dass die natürlichen Gegebenheiten der Umwelt des Gebäudes sowie das Wohlbefinden im Innenraum beim Bau beachtet werden. Witterungs- und Lichtbedingungen spielen eine Rolle bei der Konzeption. Es wird so gebaut, dass die Wechselwirkung zwischen Mensch und Gebäude mitgedacht wird.

Das Store-Design wirkt minimalistisch und lässt im ersten Moment nicht unbedingt vermuten, dass es sich um einen nachhaltigen Laden handelt. Tische aus hellem Eichenholz mit eingefassten weißen Kacheln treffen auf mit Bast bezogene Holzelemente, auf denen die Mode präsentiert wird. Die Holzbögen an der Decke und den Wänden unterstreichen die abgerundeten, organischen Formen, die im Store vorherrschen.

Auf einer Fläche von rund 150 m² hat Ecoalf ausschließlich Materialien aus nachhaltigem Anbau oder Kreislaufwirtschaft verbauen lassen. So sind die Holzbögen an der Decke oder die Store-Möbel aus Holz aus spanischen Wäldern und die Polster und Stoffelemente im Interieur aus recyceltem Polyester. Die Wände des Ladens sind mit Terrakotta verputzt, was die Wärme und Feuchtigkeit im Raum reguliere und den Energieverbrauch absenke, heißt es vom Unternehmen. Den Energieverbrauch deckt der Store über 15 Solarpanels der spanischen Firma Emovili. Die Zellen haben eine Lebensdauer von etwa 25 Jahren, sind aus Silikon und somit größtenteils recycelbar.

Bis 2030 sollen sowohl alle Stores und Offices des Labels als auch die Produktion CO_2-neutral sein. Schon jetzt werden Büros und Geschäfte mit Ökostrom versorgt. Der Bereich Produktion werde in den kommenden Jahren in Angriff genommen. So hat es das 2009 gegründete Fashionlabel in seinem Nachhaltigkeitsbericht festgehalten.

Der Store soll jedoch nicht nur als Ladenfläche dienen, sondern ist ebenfalls als Veranstaltungsort gedacht. Direkt neben der Business School IE University gelegen, soll der Ort zum Treffpunkt für Studenten und Studentinnen werden, die sich auf den so genannten ACT NOW-Veranstaltungen über den Erhalt des Planeten informieren können. ACT NOW ist ein Programm, das fest im Konzept des Labels verankert ist und bietet laut Ecoalf die Möglichkeit, mit Nachhaltigkeitsexperten darüber ins Gespräch zu kommen, welche Dinge nötig und welche bereits möglich sind im verantwortungsvollen Umgang mit Ressourcen.

Pº de la Castellana, 259E, Local 7, 28046 Madrid, Spanien | ERÖFFNUNG Dezember 2022 | GRÖSSE 149 m² | ARCHITEKTUR Lorenzo Castillo & MVN Arquitectos | LADENBAU Hermanos Castillo | LICHT Años Luz | FOTOS Alfonso Quiroga Ferro

BALLY, NEW YORK

Alt und neu, elegant und robust, Vintage und Luxus – so inszeniert sich Bally seit April in New York. Der Store im beliebten Meatpacking District wurde komplett renoviert und mit einem neuen Design versehen. Wie ein elegantes Wohnzimmer soll der Flagship wirken.

LUXUS RELOADED

Das neue Store-Design, das in New York Premiere feiert, wurde vom ehemaligen Kreativdirektor Rhuigi Villaseñor entworfen. Ziel war es, sowohl die DNA des Luxusmode-Labels Bally als auch die Architektur der Stadt widerzuspiegeln.

Der Schweizer Luxus zeigt sich nach Angaben Ballys in der neutralen Farbpalette, wobei Beige dominiert. Besonders wichtig war es den Machern, ein Zuhause-Gefühl zu schaffen, wie Bally-CEO Nicolas Girotto erklärt: »Das neue Store-Konzept bildet die Atmosphäre eines Apartments nach, in dem Vintage-Möbel, softe Farben und luxuriöse Materialien harmonisch miteinander kombiniert wurden und so die Zeitlosigkeit von Bally vermitteln.«

Vor allem die Möbel haben dabei eine entscheidende Rolle gespielt. Das Vintage Interieur ist tatsächlich von Villaseñor handverlesen zusammengesucht und auf der Fläche kuratiert. Zu den Highlights zählen beispielsweise Barmöbel aus Rio und Indien aus der Art déco-Ära. Ein weiteres ikonisches Teil ist ein Sofa des amerikanischen Architekten und Designers Warren Platner aus den 70er-Jahren. Seine Werke sind repräsentativ für den Modernismus der Sixties. Sie treffen auf zeitgenössisches Design, darunter etwa ein Tisch aus Holz und Metall von Haos, der dieses Jahr in New York entstanden ist, sowie eine Leuchte des Bildhauers und Architekten Umberto Bellardi Ricci. Im Schaufenster steht die made-to-order Musikanlage Stereo Commander SC 115 des italienischen Designers Willy Rizzo. Sie soll Ballys Gespür für das Unerwartete widerspiegeln.

Luxus hält zudem über Samtvorhänge, goldgehämmertes Metall, schwarzes Eisen und dunkle, lackierte Hölzer Einzug in das Store-Design. Darüber hinaus wurde für den Boden ein elegantes Eichenparkett im Fischgrätmuster gewählt. In diesem neuen Zuhause sind sowohl die Herren- als auch die Damenkollektionen sowie Accessoires, Schuhe und Lederwaren erhältlich.

58 Gansevoort Street, New York, NY 10014, USA | ERÖFFNUNG April 2023 | GRÖSSE 300 m² | ARCHITEKTUR, LADENBAU & LICHT keine Angaben | FOTOS Bally

E-Bike Rental
powered by
CANYON

LOVE MY EARTH, KIEL

»Wo würde Greta Thunberg einkaufen, wenn sie Surferin wäre?« Diese Frage stellte sich Timo Perschke zu Beginn der Konzeption seines Formats »Love my Earth«, das sich der Bildung, dem Sport und der Nachhaltigkeit verschrieben hat. Jetzt hat Love my Earth den ersten Laden auf 350 m² eröffnet.

SPASS OHNE REUE

Wassersportfans haben in Kiel eine neue Anlaufstelle: Den Laden von Love my Earth (kurz LME) in der Kehdenstraße. Im Mai hat die Fläche ihre Türen geöffnet. Im Herbst 2022 wurde das Konzept, das stark auf den Community-Gedanken setzt, bereits online gelauncht. Jetzt hat die nachhaltige Surfer-Community auch einen realen Ort als Treffpunkt.

Das Ladendesign des LME-Stores wurde vom Architekt Wolfgang Döhring aus Oberaudorf entworfen. Umgesetzt haben es Timo Perschke und seine Mitarbeiter selbst. Dabei wurde selbstverständlich die Firmenphilosophie verfolgt und auf Nachhaltigkeit auch im Ladenbau geachtet. Die Warenträger stammen aus dem Fundus des Architekten, aus Stores anderer Fashionhändler und haben einen neuen Anstrich bekommen. Geheizt wird mit einer Wärmepumpe, auch der Strom ist grün. Elemente aus der Bankfiliale, die hier vorher einmal war, wurden ebenfalls wiederverwendet.

Das Sortiment von LME setzt sich aus verschiedenen (Sport-)Marken mit Fokus auf Nachhaltigkeit zusammen. Mit dabei sind u. a. Vaude, Wunderwerk, Ecoalf und Somwr. Kaufen kann die Teile allerdings nicht jeder, denn LME ist kein herkömmliches Geschäft. Es funktioniert über eine Mitgliedschaft, mit der man weitere Angebote vor Ort in Anspruch nehmen kann. »Member zahlen einen Einmalbeitrag, den wir zu 20 Prozent an Right To Play, eine internationale Kinderhilfsorganisation, abführen und die diesen Beitrag für Bildung nutzen. Nur jemand, der bereit ist, Bildung zu fördern, darf bei uns Kunde werden«, so Gründer Timo Perschke.

Die Benefits für Member: Jedes Mitglied kann sich im Store kostenlos Wassersportausrüstung ausleihen. »Dies führt zu einer Verringerung von CO_2-Emissionen und Abfall, während Wassersport für mehr Menschen zugänglich wird; ganz im Sinne der Sharing Economy«, sagt Perschke. Auch E-Bikes von Canyon kann sich jedes Member ohne Gebühr ausleihen, »damit auch der Weg zum Wasser umweltfreundlicher wird«.

Das Geschäft hat lediglich an vier Tagen in der Woche geöffnet. An den anderen beiden Tagen soll der Store als Ort für Bildung und Events dienen. So sind auf der Fläche zukünftig verschiedene Veranstaltungen sowie Workshops für Schulklassen zu den Themen Nachhaltigkeit, Bildung und Meeresschutz geplant.

Kehdenstraße 12–16, 24130 Kiel | ERÖFFNUNG Mai 2023 | GRÖSSE 350 m² | ARCHITEKTUR & LADENBAU W. Döhring Design | LICHT Media 4 Motion | FOTOS Marco Knopp

Alterations

RIXO

Im September 2015 gründeten die besten Freundinnen Orlagh McCloskey und Henrietta Rix ihr eigenes Label mit dem Ansatz Vintage Looks in die Zukunft zu transportieren. An der Londoner King's Road wurde diese Vision mit der Eröffnung des »House of Rixo« in besonderer Form Wirklichkeit.

ZURÜCK IN **DIE ZUKUNFT**

Palmen, Terrazzoboden und Ballonlaternen – ein bisschen wirkt der zentrale Raum im neuen House of Rixo wie die Piazza einer italienischen Kleinstadt. Und genauso soll dieser Ort verstanden werden, als Treffpunkt. So überrascht es nicht, dass die Unternehmensgründerinnen Orlagh McCloskey und Henrietta Rix genau an dieser Stelle die Bar positioniert haben. Barhocker mit Print-Bezügen im 50er-Jahre-Stil und hellgrüne, im Rund aufgestellte Samtsofas bieten das perfekte Setting für einen Drink im historisch anmutenden Ambiente.

Es ist eine Zeitreise, zu der das im April 2023 neu eröffnete »House of Rixo« einlädt. Erstmals zeigt das Unternehmen dort in einem Store seine komplett Produktpalette – inklusive einer umfangreichen Brautmodekollektion. Selbstverständlich sind auch die Looks für den schönsten Tag des Lebens Vintage-inspiriert. »Die Geschichte von Rixo begann 2015 im Wohnzimmer unserer Uni-Wohnung. Wir waren über unsere Liebe zu Vintage zu besten Freundinnen geworden und wollten eine tolle Passform mit einzigartigen Designs und Prints verbinden«, erzählt Henrietta Rix. Der historische Ansatz ist in den Kollektionen unübersehbar: Puffärmel, U-Ausschnitte, Biesen, Tellerröcke und das alles in farbenfrohen Prints.

Passend dazu ist der vom erst 2022 gegründeten Cúpla Studio gestaltete Flagship-Store bunt gehalten. Das beginnt beim farbenfrohen Terrazzoboden und zieht sich über die Wände, die mal mit weiß-gelb gestreiften Tapeten, mal mit roten, blauen und türkisen Kacheln verkleidet sind, bis hin zum Lichtkonzept mit bunt bedruckten Papier-Lampenschirmen und der farbenfrohen Verglasung der Oberlichter.

Besonderer Hingucker ist ein Lüster im Eingangsbereich, an dem Dutzende bunte Glasscheiben hängen. »Der Store sollte sich nach uns anfühlen, eine ausgefeilte Version unseres Wohnzimmers sein, in dem wir die Marke zum ersten Mal vorgestellt haben«, beschreibt Rix den Gestaltungsansatz.

Dabei spielte Nachhaltigkeit eine große Rolle. So wurden Marmorreste für den Bodenbelag verwendet. Die Schaufensterfiguren und Warenträger bestehen aus recyceltem Kunststoff. Ganz im Sinne der Nachhaltigkeit hat auch die Änderungsabteilung einen großen Auftritt. Sie befindet sich unter einem der vielen Torbögen im 464 m² großen Store. Hier können die Kundinnen ihre neu erworbenen Kleider anpassen lassen. Das gilt auch für die Produkte aus dem Preloved-Bereich des Stores. Kundinnen können ihre Rixo-Teile aus früheren Kollektionen wieder in den Store bringen und erhalten dann einen Gutschein. Die Secondhand-Teile werden aufbereitet und im Store zu etwas günstigeren Preisen angeboten. Und wer nur für einen Abend ein Rixo-Kleid tragen möchte, kann auch das: Im »House of Rixo« lässt sich auch Mode mieten.

114–116 King's Road, Chelsea, London, SW3 4TX, Großbritannien | ERÖFFNUNG April 2023 | GRÖSSE 464 m² | ARCHITEKTUR, LADENBAU & LICHT Cúpla Studio | FOTOS Megan Taylor

Volkswagen

LA MARTINA
BUENOS AIRES

LA MARTINA
BUENOS AIRES

Die Polosport-Marke La Martina präsentiert sich in Italien in neuem Gewand. In der Mailänder Innenstadt wurde der größte Store der Marke in Europa eröffnet. Restaurant inklusive.

EIN STÜCK ARGENTINIEN IN MAILAND

Eines darf im neuen Flagship-Store von La Martina natürlich nicht fehlen: Die Sattelkammer. In der indirekt beleuchteten Wandnische finden sich neben Satteln Reithelme, Gerten und Reitstiefel. Die 1985 in Buenos Aires gegründete Marke kommt aus dem Polosport und das soll auch in dem im Frühjahr 2023 in Mailand eröffneten Store sichtbar sein.

Auf einer Fläche von 450 m², die sich über zwei Etagen zieht, zeigt das argentinische Lifestyle-Label auf dem Corso Garibaldi 1 sein neuestes Ladenkonzept. Es ist der größte Monobrand-Store der Marke in Europa, aber nicht nur deswegen Vorzeigeobjekt für La Martina. Im Erdgeschoss befinden sich neben Bekleidung, Schuhen und Taschen für Damen und Herren ein gesonderter Bereich für technische Poloausrüstung – eben die beschriebene Sattelkammer – sowie die »Bar del Polo«. In Zusammenarbeit mit dem argentinischen Lokal »El Carnicero« lädt La Martina dort zum Mittagessen, Aperitif, Abendessen und zum Getränk am Abend ein. Im Obergeschoss gibt es nochmals Bekleidung, insbesondere Jacken sowie Accessoires.

Die Marke hat rund 100 Stores weltweit, darunter in London, Dubai, Neu-Delhi, Johannesburg und Paris. Die Besonderheit der aktuellen Eröffnung sei das Konzept eines innovativen Verkaufsraums mit einer Mischung aus digitalen und physischen Erlebnissen. Außerdem soll es Produkte geben, die ausschließlich im Mailänder Store verkauft werden.

Konzipiert und gestaltet wurde der neue Flagship-Store in Zusammenarbeit mit dem italienischen Designer und Architekten Fabio Novembre. Der Store soll neuer Mittelpunkt der Markenbekanntheit und -identität sein. Er soll eine Erlebnisbühne, ein Referenzort für internationale Kunden und Polospieler werden und dabei die argentinische Atmosphäre mit Mailänder Charme verbinden. Dafür hat Novembre einen transparenten Verkaufsraum geschaffen.

Das Erdgeschoss ist nach oben geöffnet, Galerien im ersten Stock geben den Blick von unten nach oben und von oben nach unten frei. Bei der Farbgebung dominieren erdige Töne, ganz so wie es zu einer Outdoor-Sportart passt. Dazu passend ziehen sich weißgestrichene Holzbalken über die Decke. Flaschengrüne durchbrochene Gitterwände strukturieren die Fläche und geben den Blick frei auf den Markenkern, den Gründer Lando Simonetti so beschreibt: »La Martina hat zwar argentinische Wurzeln, aber das Herz der Marke schlägt in der ganzen Welt.«

Corso Garibaldi 1, Mailand, Italien | ERÖFFNUNG März 2023 | GRÖSSE 450m², zwei Etagen | ARCHITEKTUR Fabio Novembre | LADENBAU & LICHT keine Angaben | FOTOS La Martina

EMERSON RENALDI, NÜRNBERG

Neuer Laden, neues Sortiment, neuer Online-Auftritt, neue Macher – der Luxus-Store Emerson Renaldi hat sich nach Generationswechsel und Umbau neu erfunden.

COOL, CLEAN, LICHT UND LUFTIG

Das ist die Geschichte über einen beeindruckenden Luxus-Store und junge Unternehmer in Nürnberg. Seit diesem Jahr hat die junge Generation bei Emerson Renaldi offiziell das Management übernommen und steht an der Spitze des Designer-Stores samt dazugehörigen Online-Initiativen. Die junge Generation sind Olivia Pfeiff, ihr Mann Jacopo de Manzolini und ihr Bruder Lloyd Pfeiff. Strategische Entscheidungen treffen die drei im Team, und davon gab es zuletzt einige.

Angefangen mit dem kompletten Umbau des Geschäfts in der Kaiserstraße, das im März dieses Jahres neu eröffnet wurde. Das Konzept, das in Kooperation mit Trendscout Julian Daynov entwickelt wurde, präsentiert sich jetzt deutlich cooler und cleaner, lichter und luftiger. Der Laden wurde entkernt, von Retro- und Boutique-Vibes befreit. Im Mittelpunkt der knapp 400 m² großen Fläche stehen jetzt Säulen in industrieller Beton-Optik, helle Böden, weiße Tische, verspiegelte Kuben und komfortable Sofas, die

beispielsweise aus Skandinavien kommen. »Alles ist clean, clean, clean. Wir haben das Interieur urbanisiert«, formuliert es die Vollbluthändlerin, die auf Instagram selbst das beste Model für ihr Sortiment ist.

Fast das komplette Mobiliar verfügt über Rollen und ist entsprechend beweglich – bis hin zur mobilen Espressobar. »Alles ist dynamisch. Der Laden kann sich ständig bewegen und neu erfinden. Das ist uns ganz wichtig, vor allem im Hinblick auf Events«, so Pfeiff. Schließlich sind Events gerade nach Covid ein wichtiger Teil des Geschäftsmodells. Spätestens alle sechs Wochen steht etwas auf dem Plan. Ob Oster-Brunch, Muttertags-Event, Open Sunday oder Art-Aktion. Manchmal wird auch einfach spontan das DJ-Pult aufgestellt. »Wir müssen selbst den Wind machen, wenn wir wollen, dass etwas passiert. Wir laden unsere Kunden ein, und dann geht es ab«, beschreibt es die Nürnbergerin.

Nicht unerheblich ist der Auftritt auf den sozialen Netzwerken. So lädt Emerson Renaldi jeden Freitagnachmittag zum Live-Shopping auf Instagram. Hier geht es den Machern wie bei allem darum, einen hohen ästhetischen Anspruch zu erfüllen. Schließlich will man hier, wie bei allen visuellen Auftritten, dem Luxusniveau der internationalen Designer-Brands gerecht werden, die das Sortiment prägen. Nicht zuletzt deshalb gab es passend zur Neugestaltung des Stores auch den Relaunch des Emerson Renaldi-Logos, das sich jetzt als reduzierter, klarliniger, moderner Schriftzug frei von Schnörkeln präsentiert.

Neu erfinden mussten sich die Macher im Zuge des Generationswechsels allerdings nicht nur nach außen, sondern auch nach innen, sprich mit Blick auf das Sortiment und die damit verbundene Unternehmensstruktur. Zu Zeiten der Mutter Birgit Pfeiff, die den Laden 1979 mit einem Schwerpunkt auf Schuhen gestartet und mit Gucci als Anker-Brand schnell zur Designer-Destination in der Franken-Metropole gemacht hat, präsentiert sich das Portfolio heute deutlich differenzierter. Olivia Pfeiff musste Budgets anders verteilen und neue Brands für sich gewinnen, um Player, die sich aus dem Wholesale zurückziehen, zu kompensieren. Heute liest sich die Brandlist wie ein Who-is-Who der internationalen Designer. Ob Celine, Saint Laurent, Gucci, Valentino, Fendi, Marni, Balmain, Givenchy, Khaite, Lanvin, Jil Sander, The Attico, Jacquemus, Versace, Acne Studios oder Moncler – sie alle findet man bei Emerson Renaldi. Die Gewichtung zwischen Womens- und Menswear liegt bei 70:30, wobei die Menswear im ersten Stock präsentiert wird, während der DOB das Erdgeschoss gewidmet ist. Ihre Stilistik beschreibt sie selbst so: »Glam, Bam, Vollgas, eben laut.«

Kaiserstraße 11–13, 90403 Nürnberg | ERÖFFNUNG März 2023 | GRÖSSE 380 m², zwei Etagen | ARCHITEKTUR Julika Frank, Anja Ziehmann | LADENBAU keine Angabe | LICHT Heiko Gruber | FOTOS Henrik Schipper Photography

ISABEL
MARANT

ISABEL MARANT, TOKIO

Außergewöhnliche Fassaden gehören im asiatischen Retail zum guten Ton. Der neue Store, den Isabel Marant im Tokioter In-Viertel Aoyama eröffnet hat, ist aber dennoch etwas ganz Besonderes. In Zusammenarbeit mit dem japanischen Künstler Yutaka Sone ist eine Fassade entstanden, die schon von Weitem die Blicke auf sich zieht.

ALLES AUF **GELB**

Yutaka Sone ist ein japanischer Künstler, der vor allem für seine Kunstwerke in besonderen organischen Formen und Farben bekannt ist. Seine Serien »Power of Ten« und »Obsidian« sind angelehnt an Obsidiane, glasartige Steinformationen, die entstehen, wenn Lava rasch abkühlt. Die Skulpturen von Sone erinnern an diese Formationen, aber immer in bunten Farben. Und genauso ist auch der neue Isabel Marant-Store von dieser charakteristischen Form geprägt.

Das Besondere neben der Form ist aber auch die Farbe: Die Fassade des zweistöckigen Geschäfts erstrahlt in leuchtendem Gelb. So hebt es sich deutlich von der Nachbarschaft ab, die eher Grau in Grau ist.

Der rund 200 m² große Store ist nicht nur von außen ein Blickfang. Im Inneren wird die gelbe Story weitergeführt. Auch dort gibt es verschiedene Elemente in dem leuchtenden Farbton, dazu werden weitere Skulpturen Sones in anderen Farben kombiniert. Der Fußboden im Terrazzo-Stil wurde von Isabel Marant selbst gestaltet und zeichnet sich durch Einschlüsse von natürlichen Steinchen und Glasteilen aus. Sie brächten Spuren aus der Natur in das urbane Leben, heißt es.

Außerdem finden sich dort Gestaltungsdetails wieder, die bereits in anderen Isabel Marant-Geschäften verwendet werden, wie das in Zusammenarbeit mit Odd Matter entstandene Popcorn-Beton. Das Designstudio mit Sitz in Amsterdam hat sich auf »Erforschung, Untersuchung, Gestaltung und Erkundung der Vergangenheit, Gegenwart und Zukunft unserer Welt durch ihre Materialien, Prozesse und Konzepte« spezialisiert, heißt es. So entstand der eingefärbte Beton im Popcorn-Look als ein Material, das den Charakter der Marke widerspiegelt. Auch die fluffigen Berber-Sofas und die handgearbeiteten Holzelemente kennt man bereits aus anderen Stores des Unternehmens. Mit der außergewöhnlichen Fassade hat das französische Label ein Statement in Tokios Straßen gesetzt, das definitiv die Blicke auf sich zieht.

107-0062, 5-9-8 Minami Aoyama, Minato-ku, Tokio, Japan | ERÖFFNUNG Juni 2023 | GRÖSSE 200 m² | ARCHITEKTUR Yutaka Sone | LADENBAU & LICHT keine Angaben | FOTOS Isabel Marant

PAS NORMAL STUDIOS, MÜNCHEN

Die dänische Cycling Brand Pas Normal Studios hat ihren ersten deutschen Store eröffnet. Damit bekommt die Münchener Radsport-Community einen neuen Anlaufpunkt für Coffee, Rides – und natürlich schnittige Jerseys.

COFFEE, RIDES UND JERSEYS

In der Modebranche ist vor allem einer der Gründer von Pas Normal Studios bekannt: Karl-Oskar Olsen hat das dänische Label Wood Wood ins Leben gerufen, widmet sich jetzt aber zu großen Teilen dem Radsport. Konkret: Pas Normal Studios. Er ist Kreativ-Chef des Labels, der Co-Founder Peter Lange CEO. Für den Start in Deutschland haben sie sich nach eigenen Angaben Zeit gelassen. Vom Entschluss, hier zu starten, bis zum Opening sind über zwei Jahre vergangen, berichten die beiden Chefs anlässlich der Eröffnung. Nun hat der 180 m² große Store in der Fraunhofer Straße 10 seit Ende August geöffnet.

Die Rolle des Ladens sei es, die lokale Radsportgemeinde zusammenzubringen, den Leuten die Möglichkeit zu geben, die Produkte anzufassen und anzuprobieren – »besonders, da wir relativ neu sind, gibt es den Leuten die Möglichkeit, auch die Größen zu überprüfen.« Der neue Store soll letztlich aber nicht nur eine Investition aus vertrieblicher Sicht sein, sondern auch die Bindung der Radsportler zur Marke stärken. Karl-Oskar Olsen: »Das ist ein wichtiger Punkt, deshalb richten wir auch regelmäßige Rides aus, man kann hereinkommen, einen Kaffee trinken, einfach eine gute Zeit haben. Und was uns wichtig ist: Der Store, die Ausfahrten, sollen eine inklusive Ansprache haben. Niemand soll das Gefühl haben, er müsste im kompletten Pas Normal Studios-Kit erscheinen, um mitfahren zu können. Es geht um die gemeinsame Leidenschaft am Radfahren. Der ›dedicated Cyclist‹ ist der, den wir begeistern wollen.«

Bis auf die Kaffeemaschine, die aus Florenz stammt, wurde für die Einrichtung mit dänischen Unternehmen zusammengearbeitet. Das Store-Design kommt, wie schon beim Headquarter in Kopenhagen im angeschlossenem Flagship, aus der Feder von OEO Studio. Die Inneneinrichtung besteht aus Produkten von Ambiente und Frama, das Licht von Anker & Co. Zentral im Kassenbereich befindet sich wiederum die Kaffeemaschine der italienischen Marke La Marzocco. Gereicht werden Kaffeespezialisten aus Bohnen der dänischen Rösterei Coffee Collective. Das Video- und Soundsystem kommt ebenfalls aus Dänemark, und zwar von B&O.

Pas Normal Studios ist im eigenen E-Commerce aktiv sowie auch im Wholesale. Allerdings äußerst selektiv. Im hiesigen stationären Einzelhandel ist die Marke lediglich bei Bungalow in Stuttgart und Asphaltgold in Darmstadt – hier mit der Casualwear-Kollektion – vertreten, sowie bei BoBikes in Köln und der Cykel Butik in Berlin.

Fraunhoferstraße 10, 80469 München | ERÖFFNUNG August 2023 | GRÖSSE 180 m² | ARCHITEKTUR & LADENBAU OEO Design | LICHT Anker & Co | FOTOS Pas Normal Studios

GAISBERG
1288m
KAPUZINERBERG
640m

WOMEN
TRAIL RUNNING
WOMEN
HIKING
WOMEN
HIKING
TERREX
SKIING
SKIING

ADIDAS TERREX, SALZBURG

Unter dem Festungsberg, im historischen Zentrum von Salzburg, präsentiert der Adidas Terrex-Store eine Fläche, die die Marke und ihre Produkte, Kultur und Expertise mit den Bedürfnissen und Leidenschaften der Outdoor-Community verbinden will.

MEHR ALS **RETAIL**

Neben Produkten rund um Hiking, Mountaineering, Trailrunning, Mountainbiking, Klettern und Wintersport will die 176 m² große Fläche Anlaufpunkt für die lokale Outdoor-Community sein. Der Store soll die Community dazu animieren, mehr Zeit in der Natur zu verbringen. »Wir wollen unsere Konsument*innen inspirieren, ihr Leben durch Outdoor-Sport zu bereichern und sie ermutigen, ihre eigenen Gipfelmomente zu erleben«, sagt Carla Murphy, General Manager Adidas Terrex.

Dafür setzt Terrex auf ein nachhaltiges Store-Design im Zusammenspiel mit digitalen In-Store-Elementen. Das Konzept geht auf die Idee zurück, den Menschen ein vernetzteres, bewussteres und abenteuerlicheres Leben in der Natur zu ermöglichen. Daher sind natürliche, recycelte und wiederverwertbare Materialien sowie Grünpflanzen und Tageslicht wichtige Pfeiler des Retailkonzepts. Ergänzt mit einem modularen Einrichtungssystem und, wie es heißt, maßgeschneiderten Kommunikationsmitteln soll ein Einkaufsfluss kreiert werden, der zum aktiven Entdecken der Produkte einlädt.

Die offenen Schaufenster des Stores sind mit 3D-gedruckten, biologisch abbaubaren Mannequins in Action-Pose gestaltet. Im Innern sorgen Warenträger aus Edelstahl mit Produktinseln aus natürlichen und recycelbaren Materialien für Kontraste. Der Raum ist so konzipiert, dass er frei umgestaltet werden kann, sodass verschiedene Szenarien entstehen und ein einfaches, intuitives Einkaufen möglich ist. Die Konzeptsprache lässt biophile – die Verbindung zur Natur und anderen Lebewesen betreffend – und nachhaltige Designprinzipien in den gesamten Laden einfließen und zeigt sich mit einem funktionalen grünen Deckensystem, maßgeschneidertem Beleuchtungskonzept und einer natürlichen Bepflanzung.

Touchpoints wie die Jackenstation, die Entdeckungszone und die digitale Schuhwand sollen Geschichten erzählen. Das Prinzip erstreckt sich auch auf die Umkleidekabinen, wo eine Wand die wichtigsten Produkttechnologien und Meilensteine der Marke zeigt. Die Customer Journey endet im Kassenbereich unter einem Oberlicht mit einer grünen Pflanzenwand im Hintergrund und der Möglichkeit, die Wasserflasche am Brunnen wieder aufzufüllen.

Kranzlmarkt 4, 5020 Salzburg, Österreich | ERÖFFNUNG Februar 2023 | GRÖSSE 176 m² | ARCHITEKTUR studio b612 & w40 | LADENBAU Infracom Solutions | LICHT Quattrobi | FOTOS Dirk Tacke

BRIDAL
COUTURE
BY VIVIEN WULF
X
YES TO THE DRESS

MASTERS
LOUNGE
SUITS MADE TO MEASURE
SINCE 1928

YES TO THE DRESS, DÜSSELDORF

Seit kurzem gibt es einen zweiten Ableger des Made-to-measure-Anbieters für Brautmode Yes to the dress: In Düsseldorf auf der Königsallee hat der neue Laden im ehemaligen Jil Sander-Flaggschiff in prominenter Nachbarschaft eröffnet.

LOVE IS IN THE AIR

Weiß, Beige- und Schlammtöne so weit das Auge reicht. In der Damenabteilung im Obergeschoss der insgesamt 500 m² großen Fläche des Stores geben dem Anlass entsprechend helle Farben den Ton an: ein cremefarbenes Samtsofa in Verbindung mit einem Tisch in Marmoroptik in der Sitzecke, weiße Polstersessel und Beistelltischchen, ebenfalls in Marmoroptik, in den Umkleiden.

Dazu: metallische Elemente und Podeste, auf denen Accessoires und Schuhe gezeigt werden. Helle durchscheinende Vorhänge trennen den Dessous-Bereich optisch von der restlichen Fläche und sorgen für Intimität. Zusätzlich gibt es großformatige Spiegelwände und eine Social Media-Wand im Obergeschoss. Kunden können sich dort vor einer blumengeschmückten Wand ablichten.

Im Untergeschoss finden Herren den passenden, maßgeschneiderten Hochzeitsanzug. Der Bereich ist mit Ledermöbeln in gedeckten Brauntönen ausgestattet. Dazu gibt es eine eigene Bar, die Kunden mit kühlen Drinks versorgt.

Sowohl bei den Herren als auch bei den Damen sind die großen VIP-Umkleiden mit deckenhohen Spiegelwänden ausgestattet, die mit integrierten LEDs ausgeleuchtet werden. Die einzelnen Kabinen sind hell und großzügig gestaltet, für die Anprobe der teils üppigen Kleider. Diese werden als Muster auf der Fläche gezeigt und dann auf Maß geschneidert.

Neben der großen und vielfältigen Auswahl an Brautkleidern bietet der Store auch Brautjungfernkleider, Abendkleider sowie eine eigene Männerabteilung. Zusätzlich wird die »Bridal Capsule Collection« des Schmucklabels Filippa Firenze von Designerin Kyra Kuklies präsentiert.

Exklusiv im Sortiment in Düsseldorf wird zudem die erste Brautkleid-Kollektion Bridal Couture by Vivien Wulf von Schauspielerin und Autorin Vivien Wulf verkauft. Die Kollektion umfasst 15 Looks und verschiedene Stile, von zeitlosen Klassikern bis hin zu modernen Trends.

Königsallee 60, 40212 Düsseldorf | ERÖFFNUNG Juni 2023 | GRÖSSE 500 m², zwei Etagen | ARCHITEKTUR keine Angabe | LADENBAU Design Wishes by Ferdinand Visentin | LICHT keine Angabe | FOTOS Yes to the dress

UK
BSTN
BSTN STORE BRIXTON

BSTN
LONDON

From The South.
From The Heart.
BSTN

London Calling. Schon für The Clash, die ihr legendäres gleichnamiges Album 1979 veröffentlichten, war Brixton mit der Brixton Academy einer der Top-Veranstaltungsorte. Jetzt lockt dort der Premium Streetwear-Händler BSTN mit seinem ersten Store außerhalb Deutschlands, der sich gleichzeitig auch als Community Hub versteht.

BSTN SPIELT IN **BRIXTON AUF**

Als Standort haben die Münchener einen Londoner Stadtteil gewählt, der multikulturell, bunt und für seine Musikszene bekannt ist. In der Brixton Road haben BSTN-Kreativdirektor Duki Cvetkovic und Sunst Studio, eine multidisziplinäre Kreativagentur aus Berlin, einen Store gestaltet, der ganz dem Basketball und seiner Kultur gewidmet ist. Der Sport spielt eine Schlüsselrolle in der DNA von BSTN, und auch die bestehenden Brick and Mortar Stores des Unternehmens in München (seit 2013) und Hamburg (seit 2017) sind entsprechend gestaltet.

Der rund 360 m² große Laden in London kombiniert moderne Hightech-Materialien mit einem retro-futuristischen Interieur. Als eine Besonderheit beschreiben die Macher die Möglichkeit, zwischen komplett verschiedenen Stilistiken im Store zu wechseln. Moderne LED-Panels werden mit klassischen Vintage-Elementen kombiniert, glatte, monolithische Oberflächen aus Edelstahl und geschliffenem Beton stehen im Kontrast zu den warmen Holzelementen im Inneren des Ladens.

Auch ein Element aus der Vergangenheit der Immobilie, in der sich zuvor eine Bankfiliale befand, wurde wiederentdeckt und sogar zu einem besonderen Eyecatcher: das jahrzehntelang verborgene, geschwungene, gezackte Aluminiumdach, das mit zwei acht Meter-LED-Paneelen versehen wurde.

Schon bei der Gestaltung hat BSTN Wert darauf gelegt, die Umgebung einzubeziehen. So sei die Farbgebung inspiriert von den umliegenden Basketball-Plätzen, ein lokaler Kalligrafie-Künstler hat die Fassade verziert, und am Boden setzen gravierte Bronze-Plaketten mit der Aufschrift »Feed Fam. Fuck Fame. BSTN Store Brixton« Akzente.

Zum Angebot gehören begehrte Sneaker, die auf schlichten Regalböden präsentiert werden, und ein »handverlesenes Sortiment an passender Kleidung« für die Community. Und die soll den Store nicht nur als Einkaufsort, sondern auch als Treffpunkt wahrnehmen. Aus diesem Grund befindet sich im Obergeschoss des Stores ein spezieller Community Hub, der B-Hive, benannt nach dem benachbarten Beehive Place. Dort soll es regelmäßig Gemeinschaftsveranstaltungen geben – von Podiumsdiskussionen über Workshops bis hin zu Wohltätigkeitsveranstaltungen.

395–397, Brixton Rd, London SW9 7DG, Großbritannien | ERÖFFNUNG Januar 2023 | GRÖSSE 360 m² | ARCHITEKTUR, LADENBAU & LICHT Duki Cvetkovic (BSTN) and Sunst Studio | FOTOS Alex Upton

CHER'17
CHER'17
CHER'17

CHER'17, KIEW

»Ein Fashion-Store als Tür zu einer anderen Welt« – diese Überschrift steht über der Mitteilung, die das ukrainische Architekturbüro Tempproject anlässlich der Eröffnung des siebten Ladens des ukrainischen Labels Cher'17 verfasst hat. Sie könnte kaum passender sein. Denn mitten im Krieg haben sie in Kiew ein neues Geschäft entworfen, das mit einem spannenden Ladendesign von sich reden macht.

ZUFLUCHTSORT IM KRIEG

Cher'17 ist ein junges, progressives Konzept, gegründet 2017 (deswegen 17) von Fashion-Influencerin Tatyana Parfileva und ihrem Partner Ivan Kryshtal. Als im Sommer 2022 die Bauarbeiten für den Laden beginnen, sind sich die Macher nicht sicher, ob er jemals eröffnen wird. Und dennoch halten sie an ihrem Vorhaben fest. Im Oktober 2022 schlagen Raketen nur rund 500 Meter entfernt ein und zerstören zahlreiche Häuser. Im November eröffnet dann tatsächlich der neue Store des ukrainischen Modelabels, das sich vor allem an junge Frauen zwischen 18 und 35 richtet.

make it
happen,
girl.
shock
everyone

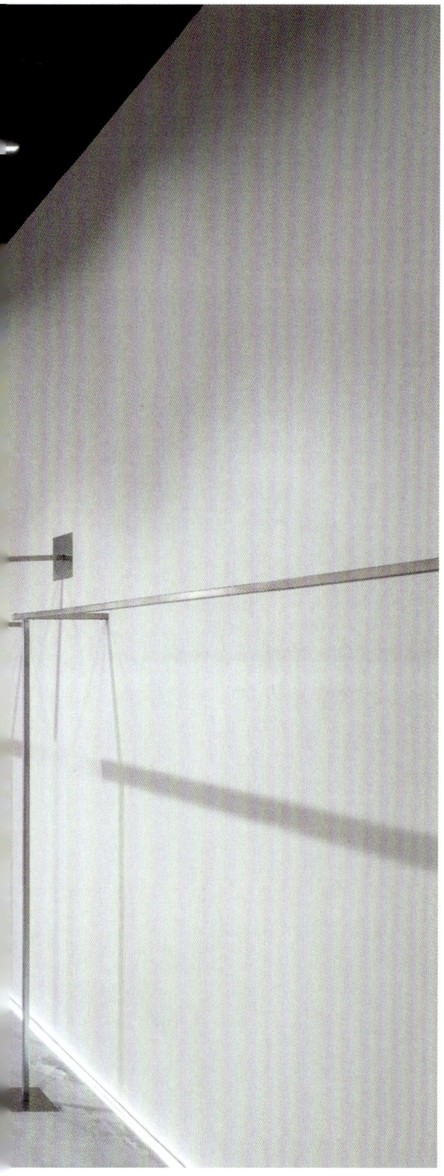

Der Laden liegt in der Kiewer Innenstadt in einem monumentalen Gebäude aus dem 19. Jahrhundert. Das Design stammt von der ukrainischen Architektin Anastasia Tempynska und ihrem Architekturbüro Tempproject. Ihre Idee war es, einen Ort zu entwickeln, in dem die reale Welt mit der digitalen Welt verschmilzt. Die Fläche ist deshalb gänzlich instagrammable gestaltet und bietet viele spannende Blickachsen und Fotomotiv-Optionen.

Sie unterteilt sich in einen blauen und einen rosafarbenen Bereich. Im blauen Bereich ist ein geschwungenes Sofa der Eyecatcher, im rosa Bereich das runde Waschbecken auf einem zartrosa Marmorsockel. Dieses ist aber nicht zum Händewaschen gedacht, sondern dient als Zapfhahn für Wasser oder Sekt für die Kundinnen. So sei der Laden mittlerweile zu einem beliebten Treffpunkt geworden, für alle, die dem Kriegsalltag einfach mal entfliehen wollen, berichtet Tatyana Parfileva.

Zu den Farben Rosé und Knallblau kombiniert die Architektin viele Spiegelflächen sowie Oberflächen aus Edelstahl, die dem Store einen futuristischen Look geben. Die Kleidung wird an Kleiderstangen aus Chrom präsentiert. Positive Sprüche sollen Kraft geben und die Laune der Kundinnen heben. So steht vor einem Spiegel »you look good«, an einer Wand ist zu lesen »make it happen, girl. shock everyone«.

Tatyana Parfileva beschreibt den Laden als eine Art Zufluchtsort in Zeiten des Krieges: »Der Ort und das Zusammenkommen hier ist eine Art in Beton gegossener Ort der rosaroten Träume von einer idealen Welt, in der es nur Platz für angenehme Gefühle und mädchenhafte Freuden gibt.«

Velyka Vasylkivska 12 st, Kiew, Ukraine | ERÖFFNUNG November 2022 | GRÖSSE 254 m² | ARCHITEKTUR Tempproject | LADENBAU Hordon Group | LICHT keine Angabe | FOTOS Andriy Bezuglov

DESIGN YOUR IR PIECE
1. PICK STYLE
2. GRAB ARTWORKS
3. PRINT IT
4. ROCK IT

DESIGN YOUR IR PIECE
1. PICK STYLE
2. GRAB ARTWORKS
3. PRINT IT
4. ROCK IT

IR

GO UP!
CALM DOWN!

INFERNO RAGAZZI, BALI

Fünf Jahre ist es her, dass die Surf- und Streetwear-Brand Inferno Ragazzi den ersten eigenen Store in Hamburg eröffnet hat. Nun ist der zweite Laden an den Start gegangen. Er befindet sich fast 12.000 Kilometer Luftlinie entfernt auf der indonesischen Insel Bali.

VON HAMBURG **NACH BALI**

Rund drei Jahre lang hat ein deutscher Mitarbeiter von Inferno Ragazzi das Business in Bali aufgebaut, berichtet Geschäftsführer Flemming Pinck im Gespräch mit der TextilWirtschaft. Denn es handelt sich nicht um eine bloße Ladeneröffnung. Vielmehr hat das Label aus Hamburg auf der indonesischen Insel eine eigene Firma aufgebaut, um vor Ort eine lokale Kollektion – natürlich im typischen Inferno Ragazzi-Stil – zu produzieren. Auch gesourct wird in Indonesien.

Angeboten werden die Sweats, Tank Tops sowie eine Yoga-Kollektion für Frauen nun auf einer Verkaufsfläche von 90 m^2 in Canggu, einem Ort an der südwestlichen Küste Balis. Für das Store-Design zeichnet federführend Pinck selbst verantwortlich. Da Rohbeton den Raum dominiert, fallen der bunte Logo-Teppich sowie das Surfbrett mit Farbverlauf, von dem sich auch eines im Hamburger Store befindet, umso stärker ins Auge. Auch die farbenfrohe Kollektion kommt in der cleanen Umgebung bestens zur Geltung. Eines der Highlights ist außerdem das Creative Lab: Dort können die Kundinnen und Kunden mithilfe unterschiedlicher Designoptionen individuelle Kleidungsstücke kreieren.

Überhaupt ist den Machern Teilhabe und Community wichtig. Folgt man dem leuchtenden Schriftzug »Go up – calm down« gelangt man auf eine 90 m^2 große multifunktionale Dachterrasse. Dort laden Sitzsäcke zum gemütlichen Abhängen ein. Zudem soll es eine breite Palette an Gastro-Angeboten geben. Aber nicht nur das: »Wir bieten dort Sundowner, Barista-Workshops, Yoga-Specials und vieles mehr an«, sagt Pinck.

Aber wieso hat es das Label aus dem Norden eigentlich gleich so weit in den Süden verschlagen? »Wir sind ja eine Surf- und Skate-Brand«, führt Pinck aus, »da gibt es keinen besseren Ort auf der Welt, wo unsere Zielgruppe so stark vertreten ist«. Auch wirtschaftlich sei das Risiko überschaubar, da man auf Bali europäische Preise veranschlagen könne, die Kosten des Store-Aufbaus aber wesentlich geringer seien als beispielsweise in Deutschland. Darüber hinaus sei das Team schon oft in Canggu gewesen und kenne die Community mittlerweile richtig gut.

Sollten einmal Touristen aus Hamburg dorthin kommen, müssten sie übrigens sofort eine Verbindung zwischen den Läden herstellen können. Für den Wiedererkennungswert wurde die Fassade in der Heimatstadt in demselben Farbverlauf wie auf Bali umgestaltet. Wenn es nach Pinck geht, reiht diese Fassade sich langfristig auch am Venice Beach in LA ein. »Wir haben immer gesagt, wenn wir es in Hamburg, auf Bali und in Venice Beach schaffen, dann sind wir glücklich«, sagt er mit einem Lachen.

Jl. Anggrek Desa No.14, Kabupaten Badung, Bali 80361, Indonesien | ERÖFFNUNG Juli 2023 | GRÖSSE 90 m^2 Ladenfläche, 90 m^2 Rooftop | ARCHITEKTUR Inferno Ragazzi Design Team | LADENBAU Local Supplier + Inferno Ragazzi Design Team | LICHT Local Supplier + Inferno Ragazzi Design | FOTOS Inferno Ragazzi

samadhi

SAMADHI WELLNESS, DUBAI

Ein Wellnesstempel der Extraklasse, das ist Samadhi Wellness in Dubai. In einer zweistöckigen Villa befindet sich eine Fusion aus Spa, Café und Yogashop. Das orientalisch anmutende Design stammt vom Düsseldorfer Architekturbüro Schwitzke & Partner. Viel dunkles Holz und Naturmaterialien wie Bast, Ton und Leinen prägen das Interior.

KÖRPER UND GEIST **IM EINKLANG**

Wer Yoga macht, will seine innere Mitte finden, sich entspannen, runterkommen. Es geht dabei gleichermaßen darum, sich physisch wie psychisch in Einklang zu bringen. Und das geht natürlich am besten in einer perfekt auf diese Bedürfnisse zugeschnittenen Umgebung. Dieser Ansatz liegt der Gestaltung des Yoga- und Spa-Tempels Samadhi Wellness, den Samar Al Salem im Mai dieses Jahres in Jumeirah, einem Küstenstreifen Dubais, eröffnete, zu Grunde.

Über zwei Etagen verteilt befinden sich auf 350 m² zwei Kursräume für Yoga, ein weitläufiger Spa-Bereich, ein Café sowie ein kleiner Store mit gebrandetem Merchandise. Alles wurde mit natürlichen Materialien und in warmen Farbtönen gestaltet. Schwitzke & Partner hat sich bei der Gestaltung an typischen Codes der arabischen Welt bedient, wie Rundbögen, Tonbauten und holzgetäfelten Spitzböden. Sie treffen wiederum auf moderne Holz- und Geflechtmöbel, die den Räumen einen zeitgemäßen Charakter verleihen sollen.

Der Yogabereich ist einem Beduinenzelt nachempfunden, die Decke ist mit Leinentüchern verkleidet. An anderer Stelle wird die Decke mit Hölzern verziert. Viele Grünpflanzen sorgen zusätzlich für ein Natur-Flair. Auf der begrünten Sonnenterrasse, die angelehnt an marokkanische Riads ist, laden gemütliche Sofas zum Verweilen ein. Daneben lockt ein kleiner Pool zum Erfrischen.

Auch von außen ist das Gebäude ein optisches Highlight. Eine kastige Form trifft auf bodentiefe Bogenfenster, die zusammen mit dem terracottafarbenen groben Putz dem Haus ebenfalls eine orientalische Anmutung verleihen.

Der Gastro-Bereich wartet mit einer großen Auswahl an Superfoods und -drinks auf und ist auch für Nicht-Gäste des Studios geöffnet. »Wir wollten einen Ort erschaffen, der für alle Menschen – ganz gleich, ob sport- oder gesundheitsaffin – ein Treffpunkt und absoluter Wohlfühlort ist«, so Tina Jokisch, Geschäftsführerin von Schwitzke & Partner.

491b Jumeirah St, Jumeirah 3, Dubai, UAE | ERÖFFNUNG Mai 2023 | GRÖSSE 350 m² | ARCHITEKTUR Schwitzke & Partner | LADENBAU RK Gulf | LICHT Khabari | FOTOS Samadhi Wellness

A.P.C. BOUTIQUE, FRANKFURT

Absolut zeitlose Eleganz – dafür steht das französische Label A.P.C. Diesem Gestaltungsprinzip entsprechend haben die Pariser einen Store mitten in der Frankfurter City eröffnet.

EIN NEUER FRANZOSE IN FRANKFURT

Das Pariser Modelabel A.P.C. hat in der Frankfurter Innenstadt seinen vierten Laden in Deutschland aufgemacht. Standort ist die Neue Rothofstraße. Nahe der etablierten Luxusmeile Goethestraße gelegen, haben sich dort etliche Fashion-Anbieter aus dem Premium- bis Luxussegment angesiedelt, darunter Etro, Friendly Hunting, Woolrich, Dorothee Schumacher, Brioni und Suitsupply.

Die 1987 von Jean Touitou gegründete Brand A.P.C. ist vor allem für Raw Denim und ihr zeitloses Design bekannt, bietet aber eine umfangreiche Womens- und Menswear-Kollektion plus Accessoires an, für alle, »die Kleidung in einem prägnanten Stil suchen, ohne ihre eigene Persönlichkeit in den Schatten zu stellen«, heißt es. Die Abkürzung A.P.C. steht für »Atelier de Production et de Création«. Diesen beiden Grundprinzipien misst das Unternehmen die gleiche Bedeutung bei, denn ohne die Produktion bleibe die Kreation nichts weiter als eine Idee. Ohne die Kreation habe ein Kleidungsstück keine Seele.

So zurückhaltend das Design der Kollektionen, die von Touitous Frau Judith entworfen werden, so auf das Wesentliche beschränkt, aber dennoch mit Raffinesse, ist auch das Store-Design. Das Architekturstudio Laurent Deroo Architecte hat für den 140 m² großen Store ein Konzept entworfen, das im Wesentlichen aus fünf, von der Pariser Werkstatt Panoramar gefertigten Modulen besteht, die den Raum strukturieren. Das Prinzip: »Less is more«. Durchscheinende Wabenpaneele wurden dafür mit Esche-Furnierplatten kombiniert und bilden so geometrische Körper, die der Warenpräsentation dienen und wie nach dem Lego-Prinzip beliebig platziert werden können. Die Gestaltung des Ladens stehe somit ganz im Einklang mit der Vision von Jean Touitou, für den die Abwesenheit von Extravaganz die Kollektion von A.P.C. auszeichne.

Die Brand wird außer im Wholesale in mehr als 100 eigenen Läden weltweit und online vertrieben. Erst im März 2023 hat die US-amerikanische Investmentfirma L Catterton Europe die Mehrheit am Unternehmen übernommen. Jean und Judith Touitou haben eine, so hieß es damals, »bedeutende« Minderheitsbeteiligung behalten.

Neue Rothofstraße 17D, 60313 Frankfurt am Main | ERÖFFNUNG Dezember 2022 | GRÖSSE 140 m² | ARCHITEKTUR Laurent Deroo Architecte | LADENBAU & LICHT Pariser Werkstatt Panoramar | FOTOS A.P.C. Paris

© Snipes

FOKUS: COMMUNITY BUILDING(S)

Weniger Platz für Ware, mehr für die Community. Was lange nur ein Lippenbekenntnis war, bildet sich nun tatsächlich auf den Flächen ab. Immer mehr Händler machen Platz für Events, Gastro und schaffen Raum für Kreative. Ob Tanz- und Tonstudio, kulinarische Highlights auf einer Gondelfahrt oder Yoga auf dem Firmendach – neue kreative Ansätze auf den Flächen zeigen, wie Community Building gelingen kann.

Hier geht die Post ab.
Seit seiner Gründung 1998 engagiert sich Retailer Snipes in lokalen Communitys. Mit dem neuesten Projekt hat sich der Kölner Filialist für Sneaker, Street- und Urbanwear jedoch selbst übertroffen und die eigene Messlatte um einiges höher gelegt. Im Berliner Kiez Neukölln hat das Unternehmen von Sven Voth im September eine Location in der Alten Post eröffnet, die neben einer Verkaufsfläche einen bislang einzigartigen Community Space bietet: Ausgestattet mit professionellem Tanz- und Tonstudio steht das sogenannte Studio44 sozialen Einrichtungen, Schulen, Musik- und Tanzschulen sowie Artists und lokalen Talenten aus Neukölln kostenlos nach vorheriger Anmeldung zur Verfügung. Profitänzer wie Majid Kessab und Berliner Dance Crews geben vor Ort Workshops. Im angeschlossenen Ton- und Musikstudio können Interessierte lernen, wie man Beats produziert, während sich im Store Sneakeraddicts Hot Releases und Deals sichern.

© Gerhard Moser

Platz für Sporterlebnisse.
Events, Services und Beratung – drei Begriffe, die sich Sport Scheck auf die Fahne geschrieben hat und wofür der Sportfilialist in seinen neu gestalteten Häusern Platz macht. So finden sich etwa im Stuttgarter Haus eine gläserne Werkstatt, eine Physiopraxis und eine große Eventfläche, die zum gemeinsamen Zeitverbringen einlädt. Bestuhlt fungiert sie als Bühne für Vorträge, leer geräumt bietet sie Platz für Yogastunden & Co.

© Markus Mamoser

© Solebox

Raum für Kreativität.

Der Sneaker- und Contemporary Menswear-Spezialist Solebox hat seine Community fest im Blick. Seit Neuestem bietet er ihr auch einen eigenen physischen Raum. Direkt neben dem Berliner Solebox-Store in der Nürnberger Straße befindet sich »The Hub« by Solebox. »Wir möchten unserer Community etwas zurückgeben, indem wir einen permanenten Raum für Kreative anbieten, um an ihren Projekten zu arbeiten«, hieß es anlässlich der Eröffnung im August. Die Fläche ist mit einer Hohlkehle und entsprechender Beleuchtung für Fotografen sowie einem langen Tisch, an dem gemeinsam gearbeitet werden kann, ausgestattet. Time Slots können einfach online via Booking Tool gebucht werden.

Zusammen grün

Ein Treffpunkt für die nachhaltige Kieler Surfer-Community, das will der Laden von Love my Earth sein. Wer hier einkaufen will, muss Mitglied werden. Neben Zugang zum nachhaltigen Surf-Sortiment können alle Mitglieder kostenlos Wassersportausrüstung sowie E-Bikes von Canyon ausleihen. »Dies führt zu einer Verringerung von CO_2-Emissionen und Abfall, während Wassersport für mehr Menschen zugänglich wird; ganz im Sinne der Sharing Economy«, so Gründer Timo Perschke. Die Räume werden außerdem für Events rund um Meeresschutz und nachhaltigen Konsum genutzt. Perschke setzt, neben Veranstaltungen für Erwachsene, schon bei der Bildung der Jüngsten an. In seinen Räumlichkeiten klärt er auch Schulklassen über Meeresverschmutzung und Umweltschutz auf.

© Marko Knopp

© Engelhorn

Dinner mit Aussicht.
Engelhorn ist nicht nur Modehändler, sondern versteht sich auch als Teil der Stadtgesellschaft von Mannheim. An den Planken kann man schon lange nicht nur shoppen, sondern auch exquisit im Zwei-Sterne-Restaurant speisen. In diesem Jahr ist noch etwas mehr Erlebnis hinzugekommen. Denn Engelhorn nutzte die Gondelbahnen, die anlässlich der Bundesgartenschau 2023 die beiden Ausstellungsgelände miteinander verbinden, für ein Dinner in luftiger Höhe. In den Sommermonaten konnten einige speziell dafür gestaltete Gondeln für ein mehrgängiges Menü des Sternerestaurants Opus V und der Engelhorn Vinothek Coq au Vin gebucht werden. Im Angebot: regionale Spezialitäten, garniert mit einem einzigartigen Ausblick von der Pfalz bis zum Odenwald.

© BSTN

Auf gute Nachbarschaft.
Der Münchener Premium-Sportswear-Händler BSTN hat im Londoner Stadtteil Brixton nicht nur einen Store eröffnet. Er will vielmehr die lokale Community einbeziehen. Das zeigt sich zum einen in der Gestaltung, zum anderen in einer großzügigen Fläche im ersten Obergeschoss des Ladens. Im sogenannten B-Hive gibt es Podiumsdiskussionen, Charity Events und Workshops. Und man kann auch einfach nur zusammen sitzen und gemeinsam Basketball-Spiele auf einem großen Screen anschauen.

© The Qool

Ein zweites Wohnzimmer.
Das war die Idee von Nikita Kvitkin und Boris Mirkovic, als sie Anfang des Jahres ihren Traum von einem eigenen Store Wirklichkeit werden ließen. »Nachdem unser Lieblingsladen geschlossen hatte, blieb ein Vakuum in Düsseldorf. Es gab keinen Treffpunkt mehr, wo man sich nachmittags sah«, so Mirkovic. »Das wollten wir mit The Qool ändern.« Ziel war es, eine Wohlfühl-Destination zu schaffen. Nicht nur ein Sortiment, das man sonst nicht findet in der Stadt, sondern einen Community Space. Mit Kaffeebar und Sitzgelegenheiten ist The Qool tatsächlich ein zweites Wohnzimmer für Kunden, Freunde und Partner. Zudem veranstalten die Inhaber regelmäßig Events, auch gemeinsam mit Partnern: »Es liegt uns am Herzen, ein wenig mit unserer Community zu feiern, etwas zurückzugeben und einfach coole Leute und Kunden zusammenzubringen«.

© Ramelow

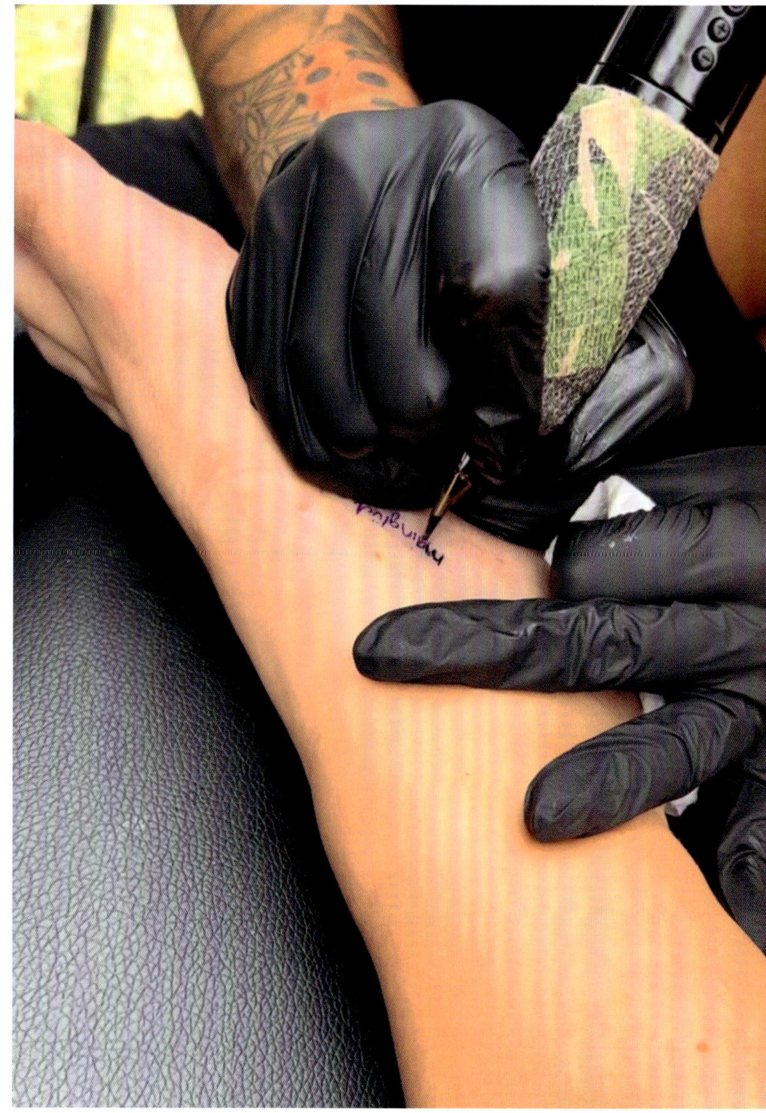

© Mainglück

Entspannung im Freien.
Die Dachterrasse ist nicht nur optisch eines der Highlights des neugebauten Gebäudeteils beim Modehausfilialisten Ramelow in Elmshorn. Ganz bewusst wurde dort eine Fläche geschaffen, die für viele verschiedene Anlässe genutzt werden kann. Zur Yoga-Stunde im Freien genauso wie für einen Filmabend, eine Modenschau oder einfach nur zum Kaffeetrinken nach dem Einkaufsbummel.

Unter die Haut.
Mainglück-Geschäftsführerin Sandra Lemmich hält ihre Community auf Trab. Um ihre Fangemeinde zu erreichen und zu mobilisieren, nutzt sie alle zur Verfügung stehenden Kanäle. Zum 8. Geburtstag lud die Modehändlerin aus Würzburg im Sommer Kundinnen mit einer ganz besonderen Aktion ein. Neben einer prallgefüllten Goodiebag ab einem Einkaufswert von 200 Euro gab es kostenlose Tattoos für alle, die etwas am Jubiläumstag kauften. Wer sich für ein Tattoo mit Mainglück-Schriftzug entschied, wurde obendrein mit einem Gutschein in Höhe von 300 Euro belohnt. Laut Lemmich wurden insgesamt 140 Tattoos gestochen, davon waren 17 Mainglück-Logos. Die Aktion hatte sie im Vorfeld auf Instagram beworben, am Jubiläumstag standen die Kundinnen Schlange, um dabei zu sein.

Community Building ist eines der Buzzwords der Stunde. Doch wie genau findet eine Marke eigentlich eine geeignete Community? Wie spricht man sie am besten an? Und welche Rolle können stationäre Läden beim Community Building übernehmen? Kim Karina Haußer, Trends & Innovation Consultant im Trendbüro, einem Unternehmen der Avantgarde Group, beschäftigt sich in ihrer Arbeit intensiv mit Communitys und deren Beziehungen zu Marken. Im Gespräch erklärt sie, wie man die Glaubwürdigkeit der Community gewinnen kann und welche Fehler man auf keinen Fall machen sollte.

»ES IST WICHTIG, COMMUNITYS EINEN NICHT-KOMMERZIELLEN RAUM ZU BIETEN«

Frau Haußer, Sie haben sich intensiv mit Communitys befasst. Was hat Sie daran gereizt?
Beim Trendbüro arbeiten wir in der Gesellschaftsforschung. Das heißt, wir schauen uns immer an: Wie verändert sich die Gesellschaft? Welche Werte, welche Bedürfnisse wandeln sich, werden größer, kleiner? Und was bedeutet das zum Beispiel auch für den Konsum? Was bedeutet das für Marken? Wir beobachten schon länger, dass die Gesellschaft sich immer weiter fragmentiert. Wir haben eine eigene Studie durchgeführt, aus der hervorging, dass 72 Prozent der Deutschen tatsächlich sagen, dass sie das Gefühl haben, die Gesellschaft bricht immer weiter auseinander. Wir sehen, dass traditionelle, normgebende Institutionen wie zum Beispiel die Kirche oder der Staat immer mehr an Einfluss verlieren. Und wir beobachten immer mehr, dass kleinteiligere Interessensgruppen sich um die unterschiedlichsten Themen herum zusammenfinden. Und das hat unser Interesse geweckt. Was sind das für kleine Gruppen? Was hält diese Gruppen zusammen? Was macht sie aus und was bedeutet das auch für Marken?

Welche Forschungsmethoden haben Sie angewendet?
Wir haben qualitativ geforscht in Form von kleinen Fokusgruppen mit Beispiel-Communitys und haben dann alles mit einer quantitativen Studie untermauert. Dafür wurden rund 1000 Personen, die in Deutschland leben, zu ihren Communitys befragt und dazu, was sie denn eigentlich zusammenhält. Auf dieser Basis sind wir zu spannenden Ergebnissen gekommen.

Community ist ein Begriff, der fast inflationär gebraucht wird. Was ist Ihre Definition des Begriffs in der Studie?
Das Wort Community wird tatsächlich inflationär verwendet. Viele halten schon ihre Instagram-Follower für eine Community oder die treuen Käuferinnen und Käufer eines Produkts. Wir glauben aber, dass Communitys auf Emotionalität und einem identitätsstiftenden Narrativ basieren. Das sind Communitys, die auch langfristig halten und zu langfristiger Treue führen und auch weit über z. B. eine Followerschaft auf Social Media hinausgehen. Bei der Untersuchung der Communitys dieser Studie haben wir vor allem darauf geachtet, dass es eine gemeinsame Vision oder einen höheren Zweck gibt, gemeinsame Interessen und Werte, aber auch Zugehörigkeit und Wertschätzung. Sowohl vom Kern der Community als auch unter den einzelnen Community-Mitgliedern und vor allem auch, dass es Interaktion und Engagement gibt. Besonders der letzte Aspekt ist hier wichtig. Denn bei sehr vielen Gemeinschaften, die einfach als Communitys bezeichnet werden, fehlt dieser Engagement- und Interaktionscharakter. Meist ist es eher eine One-Way-Sendung, und das würden wir nicht als Community definieren.

Welche Arten von Communitys haben Sie untersucht?
Wir haben zuerst geschaut, was es für Interessenfelder gibt, die relevant sind und Zeitgeist haben. Wo finden diese zusammen? Wir wollten zudem gerne Ausgewogenheit haben zwischen Communitys, die primär online stattfinden – bei denen wir aber direkt feststellen konnten, dass es auch physische Begegnungsräume dazu gibt – und Communitys, die primär physisch stattfinden, sich aber immer auch online vernetzen. Dabei haben wir festgestellt: Es gibt immer diese beiden Ebenen, und es ist von den Mitgliedern immer gewünscht, sowohl digital als auch offline, Interaktion zu haben.

Das heißt aber auch, Communitys brauchen Räume, in denen sie sich treffen können. Welche Rolle kann da der Retail spielen?
Immer mehr stationäre Geschäfte verstehen, dass der reine Verkauf von Produkten nicht mehr ausreichen wird, um sich gegen den Online-Handel durchzusetzen. Wer den Vorteil des zwischenmenschlichen Austauschs erkennt und vor Ort fördert, z. B. durch Events, Cafés, Co-Working-Spaces oder Co-Creation-Spaces, nutzt das Potenzial, Menschen mit gleichen Interessen physisch an einem Ort zu vereinen und somit eine Community lebendig werden zu lassen.

Welche Communitys haben Sie sich konkret angeschaut?

Bei uns in München gibt es die Blackbike-Community, eine Gruppe von Menschen, die einen wahnsinnigen Enthusiasmus haben für Spinning. Aber es geht weit über diesen Sport hinaus. Es ist eigentlich eher dieses Gemeinschaftsgefühl, verbunden mit einem spirituellen Touch. Man geht gemeinsam in einen dunklen Raum, man bewegt sich im gleichen Takt zur gleichen Musik, man hat immer wieder die gleichen Rituale und Abläufe. Interessant ist: Es gibt ein wahnsinniges Engagement zwischen den Menschen, die diesen gemeinsamen Sport betreiben, sowohl zwischen den Trainern und den Trainerinnen, die die Klassen leiten, als auch auf Social Media. Es gibt regelmäßig Events, wo die Community zusammenkommt. Es ist eben viel mehr, als einfach nur gemeinsam diesen Sport zu treiben. Wir wollten verstehen: Was bringt die Menschen dazu, zwei-, teilweise dreimal die Woche immer wieder an denselben Ort zu gehen, und zwar auch nur dorthin und nicht zu irgendeinem anderen Sportkurs? Was hält diese Gruppe so zusammen? Wir haben uns dann mit fünf Repräsentanten dieser Community aus München getroffen und zwei Stunden darüber geredet, was die Community für sie ausmacht.

Und, was ist der Schlüssel, der Code dieser Community?

Das Wichtigste für sie ist, dass sie dort das Gefühl haben, sie treffen auf like-minded People, also auf Gleichgesinnte, die einen ähnlichen Sinn für Ästhetik und Freizeitgestaltung haben, aber gleichzeitig auch einen Sinn für den Einklang von Körper und Geist. Bei dieser Art von Sport gibt es eben diesen leicht spirituellen Touch. Es geht darum, auch während des Sports einmal innezuhalten und sich Gedanken über größere Fragen des Lebens zu machen. Dieser Gesundheitsgedanke und die Balance aus Körper und Geist ist das, was die Community zusammenhält.

Ziel der Untersuchung war ja, die Communitys zu entschlüsseln. Was sind die wichtigsten Erkenntnisse?

Für uns war das Allerwichtigste, herauszufinden, wo die Toleranz einer Community liegt. Wie stabil ist eine Community und wie lang würde eine Community in der Konstellation, in der sie sich befindet, bestehen bleiben? Und was muss passieren, um zu sagen: Jetzt suche ich mir eine andere Gemeinschaft und wende mich ab.

Und wann wendet man sich ab?

Es ist unglaublich wichtig, Communitys einen nicht kommerziellen Raum zu bieten. Damit ist nicht gemeint, dass dort überhaupt keine Form von Verkauf stattfinden soll. Verkauf ist durchaus akzeptiert, aber er darf niemals im Vordergrund stehen.

Wie könnte das in der Praxis aussehen? Ist Yoga in den Lululemon-Stores noch ok oder zu kommerziell?

Lululemon schreibt Folgendes auf der eigenen Webseite: »Every week, our stores and showrooms push their products aside, unroll yoga mats and turn their spaces into instant yoga studios.« Hier wird sogar explizit davon gesprochen, dass die Produkte dafür »zur Seite geschoben werden«, was sich auch im übertragenen Sinne verstehen lässt. Die Kurse sind durchgehend ausgebucht und die Realität zeigt: Physische Brand Community Events im Store, bei denen der Verkauf von Produkten nicht im Fokus steht, sind ein erfolgsversprechendes Konzept.

Können Marken auch Communitys aufbauen oder müssen sie organisch wachsen?

Am natürlichsten ist eine organisch gewachsene Community. Und eine sehr wertvolle Erkenntnis aus unserer Studie ist, dass Marken gar nicht zwingend basierend auf ihrer Kundschaft oder potenziellen Kundschaft eine Community aufbauen müssen. Sie können schauen, welche organisch gewachsenen Communitys es gibt, deren Werte zu den Werten der Marke passen. Diese Community kann man dann für sich besetzen. Dabei muss man behutsam vorgehen, denn es kann passieren, dass man eine organisch gewachsene Community mit einer Kommerzialisierung verprellt. In einer unserer Fokusgruppen beispielsweise wurde von einer »Disneylandisierung« ihrer Community gesprochen, als Synonym dafür, dass die Community kommerzialisiert wird. Und das gilt es natürlich zu vermeiden. Aber grundsätzlich, wenn die Werte zwischen der Marke und der organischen Community passen, kann man auf jeden Fall zusammenkommen und dieses Potenzial für sich als Marke nutzen.

Sollte es bei einer einzigen Community bleiben?

Glaubwürdigkeit ist tatsächlich das Allerwichtigste und Wertvollste. Klar, es gibt Unterschiede von Fall zu Fall. Aber wir haben festgestellt, dass Communitys, die auch ein Stück weit polarisieren, besonders stark sind, weil sie natürlich noch ein viel stärkeres Gemeinschaftsgefühl innerhalb der bestehenden Community hervorrufen. Wenn eine Marke dann versucht, viele unterschiedliche Communitys aufzubauen, die für sehr unterschiedliche Werte stehen, dann sehe ich da auf jeden Fall eine Gefahr, dass es auch die Markenidentität verwässert. Und dazu die Glaubwürdigkeit dieser Community.

Gibt es Communitys oder Bereiche, die eine besonders hohe Sensibilität bezüglich Kommerzialisierung haben?
Ja, definitiv. Interessanterweise sind es gerade die, die sehr offen sind für Marken. Das sind primär Personen, die im urbanen Raum leben und Menschen, die sich primär digitale Communitys suchen. Wir haben im Rahmen unserer quantitativen Studie dazu auch viele Online-Gamer befragt und festgestellt, dass sie generell eine höhere Akzeptanz für Markenkooperationen haben. Aber sie sind gleichzeitig auch sehr sensibel und achten ganz genau darauf, ob es passt. Gibt es einen Mehrwert oder geht es nur darum, etwas zu verkaufen? Wenn sie merken, dass im Rahmen ihrer bestehenden Community nur noch verkauft wird und das eigentlich nicht mehr mit ihren persönlichen Überzeugungen einhergeht, dann gehen sie auch woanders hin und würden sie sich was Neues suchen.

Gibt es weitere Punkte, wo Marken aufpassen müssen?
Zur Verbrennung einer Community kann es auch kommen, wenn die Sprache der Gruppe nicht gesprochen wird. Idealerweise sucht man sich eine Schlüsselperson aus der organischen Community aus, führt Vorgespräche und arbeitet die Gemeinsamkeiten heraus. Diese Person fungiert als Gatekeeper, um die Community für sich zu gewinnen oder um ehrlicherweise auch Nein zu sagen, wenn die Werte nicht passen.

Viele Marken versuchen, durch Incentives wie Bonuspunkte und Prämien Kunden an sich zu binden. Reicht so etwas aus, um tatsächlich eine echte Community zu bilden?
Wir würden klar sagen: Nein. Was aber nicht bedeutet, dass Treueprogramme außen vorgelassen werden sollten. Es ist auf jeden Fall ein Tool, das Loyalität fördert gegenüber einer Marke. Aber man muss sich bewusst sein, dass das noch nicht die einzige Grundlage für eine Community sein kann. Weil die Community, wie wir sie definieren, eine emotional aufgeladene ist. Da geht es um zwischenmenschliche Beziehungen innerhalb der Community-Mitglieder, um Interaktion und Rituale, online wie offline. Das geht weit über Treuepunkte sammeln hinaus. Wenn Loyalität nur auf einem Treueprogramm basiert, ist die Gefahr groß, dass es eine andere Brand gibt, die ein besseres Treueprogramm anbietet, und schon ist man abgeschrieben. Emotionalität ist also der entscheidende Faktor.

Gibt es Marken, denen es gelungen ist, eine erfolgreiche Community aufzubauen?
Eine Brand Community, die wir uns auch in der Studie genauer angeschaut haben, ist die Rapha-Community. Rapha ist eine Radsportbekleidungsmarke, die es wirklich geschafft hat, für diese Sportart die Bekleidungsmarke schlechthin zu werden. Und das vor allem durch das Schaffen von nichtkommerziellen Community Spaces, also angedockt an die Stores, wo man natürlich Dinge kaufen kann, was aber nicht im Vordergrund steht. Dort kann man einen Co-Working-Space nutzen, man kann einen Kaffee trinken, aber auch einfach nur Zeit verbringen und mit Gleichgesinnten Radsport im Fernsehen verfolgen. Sie organisieren mittlerweile Events für Tausende von Mitgliedern, die sich einfach mit dieser Marke, aber auch mit der Vision der Marke stark identifizieren. Sie bieten so auch ein Stück weit Orientierung in einer Gesellschaft, die droht, immer weiter auseinanderzubrechen. Sie haben es geschafft, ihre Produkte und die Idee dahinter emotional aufzuladen. Das ist mehr als nur Kundschaft, das ist eine Community.

Haben Sie auch ein Beispiel von einer Marke, der es gelungen ist, an eine bestehende Community anzudocken?
Patagonia finde ich sehr stark, weil Patagonia sehr klare Werte hat. Die Marke kennen wahrscheinlich die meisten, eine Bekleidungsmarke mit Fokus auf Outdoorbekleidung. Nachhaltigkeit und das Engagement gegen den Klimawandel sind Themen, die sich Patagonia als Marke auf die Fahne schreibt. Auf Kundenseite gibt es viele Aktivisten und Aktivistinnen, die sich für die Umwelt stark machen, sich gerne selbst in der Umwelt aufhalten und auch etwas für die Umwelt tun wollen. Ein perfektes Match zwischen den Werten der Marke und diesen Menschen. Patagonia hat als Brand eine Plattform geschaffen, wo all diese Menschen mit den gleichen Interessen zusammenkommen können.

Wie misst man als Marke eigentlich den Erfolg oder das Potenzial einer Community?
Bei Social Media-Followern oder Mitgliedern eines Treueprogramms ist es deutlich leichter, KPIs zu definieren, um den Erfolg dieser vermeintlichen Community zu messen. Bei der auf Emotionalität basierenden Art von Community ist es dagegen deutlich schwieriger. Hier kann man überprüfen: Wie ist das Engagement der Community in Form von Teilnahme an Events, aber auch z. B. das Feedback zu einer Brand? Wenn es eine Brand Community ist, kann man schauen, wie viel Kommunikation und Interaktion zwischen den Mitgliedern stattfindet. Es geht aber auch viel ums Gefühl: Wie stark können sich die Menschen mit dieser Community und den Werten der Community identifizieren? In Zukunft werden sicher noch neue KPIs entwickelt, die es möglich machen, genau das zu messen. Wir stehen noch ganz am Anfang.

Handwerkskunst, Tradition, Nachhaltigkeit, Langlebigkeit und Zeitlosigkeit: So definiert das indische Taschenlabel Aranyani seine zentralen Werte. Der erste Store der Marke in der Londoner Bruton Street will all das verkörpern und nimmt seine Besucher mit auf einen Spaziergang durch eine mystische Welt.

WALDBADEN IN MAYFAIR

Aranyani – schon der Name versprüht einen Hauch von Exotik und weckt Bilder im Kopf. Das Wort stammt aus dem altindischen Sanskrit und bedeutet so viel wie Göttin des Waldes oder der Vegetation. Dass die Leitfarbe im Flagship-Store der 2016 gegründeten indischen Luxus-Handtaschenmarke Grün ist, liegt somit auf der Hand. Das vom renommierten Londoner Büro Kinnersley Kent entwickelte und von Umdasch umgesetzte Design des zweigeschossigen Ladens im noblen Londoner Stadtteil Mayfair schickt die Besucher auf einen Waldspaziergang.

Und dieser fängt schon beim Betreten des Stores an. Mit ihren grünen Fliesen soll die Fassade an die Blättervielfalt der Bäume erinnern. Präsentiert werden die edlen Taschen, die bis zu 1600 Pfund (gut 1800 Euro) kosten, auf schlichten, abgestuften Regalen. Durch die Beleuchtung entsteht der Eindruck, als würden sie auf Baumästen ruhen und von einzelnen Sonnenstrahlen beschienen, die durch das Blätterdach dringen.

Highlight und zentraler Mittelpunkt der Verkaufsfläche im 50 m² großen Erdgeschoss ist die »Lichtung«, ein über ein organisch geformtes Oberlicht in Szene gesetzter Bereich, der für die Energie und Lebenskraft der Göttin des Waldes stehen und zum Innehalten einladen soll. Genutzt wird er zur Präsentation von Highlight-Produkten, die auf großen Platten aus britischem Stein und irischem Marmor in Szene gesetzt werden. Über zeitgesteuerte Lampen, die im Tagesverlauf aus- und eingeschaltet werden, entstehen unterschiedliche Lichteffekte. Das 80 m² große Untergeschoss erinnert in seiner Design-Sprache, mit viel Holz und organisch geformten Sitzelementen in Waldgrün und Creme, an ein luxuriöses Spa. Dort können Kunden sich aus verschiedenen Lederoberflächen und Edelsteinen ein maßgefertigtes Stück zusammenstellen.

Den Kernwerten des Labels, Nachhaltigkeit, Langlebigkeit und Zeitlosigkeit, zollen auch die verwendeten Materialien Tribut. Bei der Auswahl sei besonders darauf geachtet worden, dass sie aus »ethisch vertretbaren« Quellen in Großbritannien stammen. So wurden Steine aus regionalen Steinbrüchen verwendet und die atmungsaktive Innenwandverkleidung besteht aus einer Mischung aus ungebranntem Lehm, Mineralien und Pigmenten aus Großbritannien.

Bereits im Laden vorhandene Elemente wurden teils aufgearbeitet und wiederverwendet. So konnte etwa ein Eichenparkett freigelegt werden, das neu gebeizt wurde und sich so in die hellere Farbpalette einfügt. »Die Eröffnung unseres ersten Geschäfts in Mayfair ist unser Bekenntnis zu unserem globalen Publikum. Der Store verkörpert die Werte, die Ästhetik und die Erfahrung, die wir mit allen teilen möchten«, so Aranyani-Gründer Haresh Mirpuri.

21 Bruton Street, W1J 6QD London, Großbritannien | ERÖFFNUNG Januar 2023 | GRÖSSE rund 130 m², zwei Etagen | ARCHITEKTUR KKD – Kinnersley Kent Design | LADENBAU Umdasch The Store Makers | LICHT Fagerhult | FOTOS Aranyani

LIPS
EYES
FACE

KAY ALI
smashbox

BEAUTY BAR

H&M BEAUTY, OSLO

Das Beauty Business ist für die Modebranche ein verlockendes Feld. Auch H&M setzt auf das margenträchtige Geschäft mit Cremes und Lippenstiften, und hat jetzt die ersten beiden Global Beauty Flagships eröffnet.

EIN FLAGGSCHIFF **FÜR DIE SCHÖNHEIT**

Um den großen Auftritt in Sachen Beauty zu testen, haben sich die Schweden für einen Doppelschlag in einer Stadt entschieden: Oslo. Das erste Geschäft hat Anfang Mai 2023 in der Karl Johans Gate 14 eröffnet, der zweite Store folgte im Shopping-Center Oslo City.

Beide Läden sind jeweils rund 300 m² groß und befinden sich in herkömmlichen H&M-Filialen, haben aber zusätzlich einen eigenen Eingang. Neben der Eigenmarke werden rund 80 externe Marken wie Huda Beauty, Wishful, Kayali, Smashbox, Anastasia Beverly Hills, KVD, Emma S. und Origins verkauft. »Wir freuen uns sehr, dass wir unseren Kunden nun ein gut sortiertes Beauty-Sortiment anbieten können, das mit der von uns angebotenen Mode Hand in Hand geht«, sagt Cathrine Wigzell, General Manager, H&M Beauty.

Der Laden soll ein sozialer Treffpunkt sein, an dem man sich gerne aufhält. Dafür sorgen zahlreiche Sitzgelegenheiten. Die Ästhetik des Ladendesigns mischt Elemente einer Cocktail-Bar mit dem Look eines Wellnesstempels, heißt es von H&M. So gibt es beispielsweise eine »Beauty Bar«, wo man auf gemütlichen Stühlen vor einem geschwungenen Spiegel Platz nehmen kann, um in aller Ruhe die angebotenen Produkte zu testen. Dem Self-Care-Gedanken wird der Store mit einer großen Auswahl an Wellnessprodukten gerecht.

Farblich ist der Laden in Rosa-, Lila- und Pinktöne getaucht, die sich in Teppichen, Wandfarben, Warentischen und Sitzgelegenheiten wiederfinden. Auch der Schriftzug »H&M Beauty« präsentiert sich auf roséfarbenem Grund.

H&M Beauty ist laut Unternehmensangaben in rund 50 Märkten aktiv. Zu weiteren Expansionsplänen für das neue Flaggschiff-Konzept teilt H&M zum Start nur so viel mit: Es sei der Beginn einer Reise, mit dem Ziel sowohl digital als auch physisch ein inspirierendes Beauty-Universum aufzubauen. »Wir glauben fest an dieses Konzept und hoffen, es künftig noch mehr Kunden anbieten zu können«, sagt ein Sprecher. H&M habe in den vergangenen Jahren eine eigene Organisation für die Produktsparte aufgebaut, die Flagship-Stores sollen nun das stationäre Einkaufserlebnis erhöhen.

Karl Johans Gate 14, 0154 Oslo, Norwegen | ERÖFFNUNG Mai 2023 | GRÖSSE 300 m² | ARCHITEKTUR, LADENBAU & LICHT keine Angaben | FOTOS H&M

Sport

Grand
OPENING
Freitag, 15.9.
Ohlàlà
Speidel.
Ohlàlà

OHLÀLÀ BY STAMMEL, SCHWABMÜNCHEN

Der Schwabmünchener Modehändler Stammel setzt auf Wäsche und hat sein Angebot in einem neuen Store auf einen Schlag fast verdoppelt. Für Convenience sorgen ein speziell entwickeltes System, das die Customer Journey digital unterstützt und Umkleidekabinen mit viel Platz.

WÄSCHE, **DIGITAL**

Nach anderthalb Jahren Planung hat das Textilhaus Stammel unter dem Namen Ohlàlà by Stammel ein neues Wäschegeschäft in der Schwabmünchener Innenstadt eröffnet. Nahezu verdoppelt wurde das Wäsche- und Bademodenangebot für Damen und Herren. Die bisherige 130 m² große Verkaufsfläche in der Wäscheabteilung des Haupthauses wurde aufgelöst, die neu gewonnene Freifläche im Haupthaus der Herrenabteilung und Kindermode zugeschlagen.

Im neuen Wäsche-Store gibt es nun auf 250 m² Verkaufsfläche (plus 20 m² Lager) eine große Auswahl an Dessous, Bademode, Tag- und Nachtwäsche. Unter anderem Triumph, Anita, Lascana, Mey, Calida, Skiny, Schiesser Herren, Calvin Klein, Charmline und Sunflair. Neu aufgenommen wurden Primadonna, Marie Jo, Happy Shorts und Speidel. Deutlich ausgebaut wurde das Angebot an Herrentag- und -nachtwäsche auf nun 65 m² mit eigener Umkleidekabine. Bademode wird ganzjährig angeboten, rund 50 Prozent des Warenvolumens entfällt auf Dessous und Damentagwäsche. Ohlàlà by Stammel gilt als wichtigster Nahversorger für Wäsche und Bademode in der 17.000 Einwohner-Stadt Schwabmünchen und für das Umland bis nach Augsburg.

Die sich in der Mitte des Geschäftes befindende Highlight-Fläche wurde als »Modustore« gestaltet, einem hoch flexiblen Metallrahmensystem, welches in eingebauten Schlitzschienen Niedrigstrom führt (Planung und Entwicklung: Holzakzente, Beratung: Bernd Schleehauf). Der Clou: Hierdurch lassen sich an jeder Stelle des Warenträgersystems Bildschirme und Displays anschließen, ohne störende Kabelstränge, Steckdosen oder zeitaufwändige Umbauten. Abgestimmt auf die jeweilige Warenbestückung können dann über Fashion Cloud Imagefilme der präsentierten Dessousmarken zielgenau abgerufen werden. Installierte Touchscreens bieten den Kundinnen und Kunden zusätzlich die Möglichkeit, sich selbst über die angebotene Ware, ihre Materialeigenschaften und Verfügbarkeit zu informieren.

Hinzu kommen drei sehr großzügig angelegte Umkleidekabinen im Damenbereich, in denen auch ein Kinderwagen, ein Rollator oder eine zweite Person ausreichend Platz finden. Für einen Personal-Shopping-Termin lassen sich alle drei Damen-Kabinen zu einer 17 m² großen Beratungsfläche mit Privatatmosphäre zusammenlegen. Für das leibliche Wohl wurde eine kleine Getränkebar eingerichtet. Jede Kabine verfügt über zwei Spiegel mit indirektem Licht für einen 360 Grad-Rundumblick. Schmeichelndes Oberlicht kommt zusätzlich über grazile, individuell gestaltete Deckenleuchten in zarter Drahtoptik. Beigefarbene Wände mit Strukturtapete, mauvefarbene Samtteppiche, ein holzfarbener Laminatboden und Vorhänge in Leinenoptik sollen eine angenehme Wohlfühlatmosphäre erzeugen.

Fuggerstraße 27, 86830 Schwabmünchen | ERÖFFNUNG September 2023 | GRÖSSE 250 m² | ARCHITEKTUR Focus Retail Consulting | LADENBAU Holzakzente | LICHT Ruco Licht | FOTOS Holzakzente

LIVE FAST

LIVE FAST

LiveFast

LIVE FAST DIE YOUNG, BERLIN

Der Kudamm habe für die Marke an Attraktivität verloren, sagt Riccardo Ballarino, Director Sourcing & Creative bei Live Fast Die Young (LFDY). Deswegen hat das Streetwear-Label den bisher größten Store nicht direkt dort, sondern an der in der Nähe gelegenen aufstrebenden Schlüterstraße eröffnet. Das Besondere: Zum ersten Mal gibt es dort ein LFDY-Café.

AUF EINEN KAFFEE IN BERLIN

Die Formel Gastro plus Fashion gleich Aufenthaltsqualität scheint auch für das Düsseldorfer Label LFDY erfolgversprechend zu sein. Im neuen Laden in Berlin, der am 1. Juli eröffnet hat, gibt es neuerdings mehr Gründe für einen Besuch als nur das Kaufen der LFDY-Kollektion. Der neue Laden präsentiert sich mit 180 m² Verkaufsfläche plus Gastrofläche. Gestaltet hat das neue Flaggschiff, wie auch schon die anderen Geschäfte, das Düsseldorfer Architekturbüro Schwitzke & Partner unter der Leitung von Tina Jokisch.

Die Gestaltung der Verkaufsfläche verknüpft die für das Label auch in den anderen Stores typischen Elemente wie eine zentrale Kleiderstange, an denen die Kollektion präsentiert wird, und das dazugehörige Schranksystem, in dem die Produkte zum Verkauf lagern. Es ist das bisher größte System dieser Art der Marke in einem Store mit einer Länge von rund 11 Metern und 186 Schubladen-Auszügen. In den neuen Räumen wurde dieses Schranksystem aus Edelstahl in ein ehemaliges Kino integriert. Der denkmalgeschützte Holzfußboden und die Wandvertäfelungen aus Holz wurden beibehalten. Ebenso wie die rohe Backsteinwand im Nachbarraum.

In diesem Raum liegt das LFDY-Café, dessen zentrales Element ein drei Meter langer Tresen aus grünem Marmor ist. Daneben eine Sitzbank aus Leder. Der Ort soll Treffpunkt für die LFDY-Community werden. »Wir wollten in Berlin neue Impulse für Live Fast Die Young setzen und nicht nur uns, sondern auch unseren Store weiterentwickeln. Dafür brauchten wir mehr Space und ein neues Konzept«, so Ballarino. Aber hier gibt es nicht nur Kaffeespezialitäten, Iced Drinks, erfrischende Eisteevariationen und hausgemachte Limonaden, sondern auch die brandneue LFDY-Coffee-Collection mit Mehrwegbecher, T-Shirt, Cap und Kaffeebohnen zu kaufen.

Der Store liegt in einem denkmalgeschützten Jugendstilhaus. Die Höhe der stuckverzierten Decken beträgt bis zu fünf Meter und die verschiedenen Ebenen sind über einen ausladenden Treppenaufgang miteinander verbunden. Die historischen Elemente verschmelzen mit dem modernen Design, das vor allem über Edelstahlflächen, Marmor und viel Weiß definiert wird. »Berlin steht wie kaum eine andere Stadt für den Clash von Modernität und Geschichte, der sich auch in der Ladenfläche widerspiegelt«, beschreibt Tina Jokisch das Design.

Bei der Auswahl der Möbel setzen sie auf einen Mix bekannter Interior-Marken. Geschwungene Stühle von Thonet, eine Barcelona Liege von Mies van der Rohe, großformatige Werke der Fotografen Paul Hutchinson und Tobias Zielony sowie ein Spiegelbild der Künstlerin Astrid Klein machen das Design der Fläche komplett.

Schlüterstraße 45, 10707 Berlin | ERÖFFNUNG Juli 2023 | GRÖSSE 230 m² | ARCHITEKTUR Schwitzke & Partner | LADENBAU Euler / Kölling Projekt | LICHT Candus | FOTOS Carolin Ludwig / Fotografische Werkstatt

END.

END.CLOTHING, MAILAND

Erster Store in Festland-Europa: Der britische Luxus-Retailer End. hat sich aus UK herausgewagt und in Mailand einen High Fashion-Store eröffnet.

SPEKTAKULÄRER START

UK only – bislang war der Besuch stationärer Stores von End.Clothing nur Bewohnern oder Besuchern von Großbritannien vorbehalten. Der Retailer betreibt Läden in London, Glasgow, Newcastle upon Tyne und Manchester. Doch Anfang 2023 wagte sich der Händler ins Mode-Herz Italiens: In Mailand, in der Via Mercanti, wurde der neue Store im Rahmen der Fashion Week eröffnet. CEO Parker Gundersen freut sich über die Umsetzung: »Die Entwicklung von inspirierenden Einzelhandelskonzepten ist ein Schlüsselelement unserer Strategie bei End.«

Der Store erstreckt sich über drei Stockwerke. Zum Sortiment gehören sowohl Designermarken als auch Streetwear-Brands – laut End. auch von Marken und Labels, die bisher nicht in Mailand vertreten waren. Als Materialien kamen unter anderem Marmor und Ahorn zum Einsatz, ergänzt mit Marmor-Terrazzo und Portofino-Holz. Ein Highlight: das beeindruckende Atrium.

Untergeschoss und Erdgeschoss warten mit Menswear und einer Sneaker-Zone auf. Lifestyle-Produkte sowie Hautpflege, Düfte, Kosmetika, Haushaltswaren und Publikationen runden das Angebot ab. Das Obergeschoss ist der Womenswear gewidmet.

Highlights setzen sollen exklusive Collabs und Store-Events. »Wir sind dankbar für die Unterstützung all unserer Markenpartner und freuen uns auf ein volles Programm an Veranstaltungen und exklusiven Produkteinführungen, die in den kommenden Wochen und Monaten geplant sind, um den Laden zum Leben zu erwecken«, sagt CEO Gundersen.

Via Mercanti 21, 20121 Mailand, Italien | ERÖFFNUNG Februar 2023 | LADENBAU, ARCHITEKTUR & LICHT keine Angaben | FOTOS End.

SEIT 1905
LETTENBAUER
MODE FÜR MÄNNER

LETTENBAUER, NÖRDLINGEN

Als Vanessa Stumpf das HAKA-Haus ihrer Eltern übernahm, stand eine Auffrischung der Flächen und vor allem der Beleuchtung an. Am Ende wurde es eine komplette Kernsanierung des 430 m² großen Hauses in Nördlingen.

NEXT LEVEL IN NÖRDLINGEN

Wann genau die Entscheidung fiel, weiß Vanessa Stumpf nicht, aber irgendwann während der Planungen für die neue Beleuchtung und das Upgrade der Flächen war für sie klar: »Das reicht nicht. Wir haben uns dann entschieden, das Haus komplett zu sanieren, den Ladenbau und die Beleuchtung neu zu machen, neue Fenster und eine neue Eingangstür einzubauen«. Dazu kam noch eine neue Heizungsanlage und auch für die Installation einer Solaranlage wurde vorgebaut. Sieben Wochen war das 430m² große Haus geschlossen.

Mit der Eröffnung des neu gestalteten Hauses im Frühjahr 2023 unterstreicht Vanessa Stumpf, dass bei Lettenbauer eine neue Ära beginnt. Kurz vor dem Umbau hat sie das 1905 gegründete HAKA-Haus von ihren Eltern übernommen. Mit ihr ist jetzt die vierte Generation am Steuer. Ziel der Neugestaltung war es vor allem ein einheitliches Bild zu schaffen und flexibler agieren zu können. »Vor dem Umbau war jede der drei Etagen für sich gestaltet. Jetzt haben wir einen einheitlichen Auftritt«, sagt Stumpf. Farblich dominieren Anthrazit- und Erdtöne. Dunkel gestrichene Metallregale in Kombination mit Holzplatten – auf denen auch die Logos einzelner Marken prangen – strukturieren die Fläche, nehmen sich aber optisch zurück. »Der Kunde soll hereinkommen und seine Marken wiederfinden, aber unter der Marke Lettenbauer«, sagt Denis Fischer, der gemeinsam mit Vanessa Stumpf das Unternehmen führt und für den Einkauf verantwortlich ist. »Visuell war der alte Ladenbau ein Steinzeitmammut, jetzt können wir schnell und einfach Trendflächen gestalten und den Kunden so immer wieder neue Themen präsentieren.«

Zwar wurde im Zuge der Neugestaltung, die einen mittleren sechsstelligen Betrag gekostet hat, auch über eine Neuverteilung der Sortimente im Haus nachgedacht, doch am Ende entschieden sich Stumpf und Fischer dagegen. »Eigentlich sollte die Anzugabteilung aus dem ersten Stock ins Untergeschoss wandern. Aber das war zu klein und zu dunkel. Im ersten Stock spielen wir jetzt die hohe Raumhöhe und den großen Lichteinfall aus«, sagt Stumpf. Fensterflächen wurden geöffnet und geben jetzt den Blick nach draußen auf die Altstadt von Nördlingen frei. Eine neue Bar auf der Etage lädt zudem zum Verweilen ein. »Da kann der Trauzeuge sitzen, während der Bräutigam seinen Anzug anprobiert«, sagt Fischer.

Während es im ersten Stock um Anlass- und Businessmode geht, steht im Erdgeschoss Trend im Fokus mit Marken wie Marc O'Polo, Strellson, Calvin Klein, Tommy Hilfiger, No Excess und Hugo Boss. Im Untergeschoss, wo durch den Umbau rund 30m² Verkaufsfläche dazu gewonnen wurde, sind die Stammabteilungen mit Anbietern wie Brax, Eurex, PME Legend und Casa Moda platziert. Nicht nur durch den einheitlichen Ladenbau sind die drei Stockwerke jetzt optisch verbunden. Am Treppenaufgang – die Treppe aus Wildeiche ist ebenfalls neu – erstreckt sich eine Mooswand in frischem Grün vom Untergeschoss bis in die erste Etage.

Schrannenstraße 14, 86720 Nördlingen | ERÖFFNUNG März 2023 | GRÖSSE 430 m², drei Etagen | ARCHITEKTUR keine Angaben | LADENBAU Storeemotions | LICHT Itab Lighting Germany | FOTOS Fotohaus Hirsch

RUE BONAPARTE
QUAI MALAQUAIS
DRIES VAN NOTEN
DRIES VAN NOTEN

DRIES VAN NOTEN GALERIE, PARIS

Die belgische Designer-Brand Dries Van Noten verstärkt ihre Präsenz am Pariser Quai Malaquais. In unmittelbarer Nachbarschaft zum Womens- und Menswear-Store wurde jetzt ein Laden eröffnet, der ausschließlich Kosmetik, Düfte und Accessoires im Angebot hat. Der erste seiner Art.

DRIES **MAL DREI**

Mit der Eröffnung feiert Dries Van Noten das einjährige Bestehen der im Frühjahr 2022 gelaunchten Beauty- und Duft-Sparte des Unternehmens. »Als Meister der unmöglichen Kombinationen lässt Dries Van Noten Couture mit Streetwear, Prints mit Unis in einem Spiel kreativer Gegensätze aufeinanderprallen. Jetzt fügt er dieser einzigartigen Vision mit einer Kollektion, die der Kunst der Schönheit Tribut zollt, eine weitere Ebene hinzu«, hieß es zum Start. Kern des Sortiments sind zehn genderneutrale Düfte sowie 30 Lippenstifte in nachfüllbaren, aufwendig gestalteten Etuis, die an die expressiven Drucke erinnern, die typisch für Van Notens Kollektionen sind.

Mit dem neuen Store erhalten diese Produkte jetzt den perfekt passenden Rahmen. Das Geschäft erinnert schon von außen an Pariser Parfümerien aus den 1920er-, 30er-Jahren mit ihren Auslagen und den zu einem Drittel durch Vorhänge verhängten Schaufensterrückwänden – irgendwie im positiven Sinne altmodisch. Modernität kommt über abstrakte Zeichnungen von Gesichtern. Ein echter Eyecatcher für Passanten sind die Lippenplastiken in den 30 angebotenen Lippenstiftfarben.

Das Gebäude wurde 1625 erbaut und verfügt über eine schillernde Historie. Einer der früheren Bewohner soll, so heißt es, der Fürst von Transsylvanien gewesen sein, der Personen um sich scharte, die später in Prevosts Romanen verewigt wurden und Inspiration für Puccinis Opernfiguren waren. Danach wurde das Haus zu einem Ort der Kunst. In der Galerie der Herren Bréheret und Prat sollen sogar frühe Werke aus dem Schaffen von Picasso und Chagall zu sehen gewesen sein. Auf jeden Fall ist sie Namensgeber für das Geschäft: Dries Van Noten Galerie.

Auch das Innere des kleinen, nur 60 m² großen Ladens ist geprägt durch ein Aufeinanderprallen von Historie und Moderne und das Prinzip der »unmöglichen Kombinationen«. Möbel aus unterschiedlichen Epochen verweisen auf die Vielfalt der Kollektionen des Belgiers. Ein Kronleuchter aus den 1970er-Jahren aus verschiedenen Teilen von Venini-Glas, die neu zusammengesetzt und in die zentrale Vitrine integriert wurden, trifft auf eine Kommode aus dem 19. Jahrhundert aus der schwedisch-gustavianischen Ära.

Das Key Piece auf der Fläche ist ein restaurierter flämischer Wandteppich aus dem 17. Jahrhundert, der eine barocke Szene inmitten einer Gartenoase zeigt – eine Referenz an Dries Van Notens Leidenschaft fürs Gärtnern und die Blumenzucht. Und auch der Blick nach unten lohnt: Der Marmorfußboden wurde aus verschiedenen Formen von weißem Marmor hergestellt und soll eine innovative Interpretation des traditionellen französischen Cabochon-Bodens darstellen.

9 quai Malaquais, 75006 Paris, Frankreich | ERÖFFNUNG Juli 2023 | GRÖSSE rund 60 m² | ARCHITEKTUR, LADENBAU & LICHT keine Angaben | FOTOS Jean-Pierre Gabriel

J.LINDEBERG

J.LINDEBERG, KOPENHAGEN

Mode und Sport zu verbinden gehört zur DNA von J.Lindeberg. Das schwedische Label wollte zunächst dem Golfsport zu mehr Style verhelfen. Seitdem hat sich das Sortiment stetig weiterentwickelt, und neben Golf- und Skimode gehören mittlerweile auch progressive Mens- und Womenswear dazu. Jetzt hat das Unternehmen einen neuen Store in Kopenhagen eröffnet.

DESIGN MEETS TECH MEETS COMMUNITY

In der Østergade 21, wo zuvor ein Burberry-Laden war, zeigt J.Lindeberg, wie sich das 1996 in Stockholm gegründete Label modernen Retail vorstellt. »Das Konzept unseres Kopenhagener Flagship-Stores spiegelt unser Engagement wider, Mode und Sport mit Technologie und Innovation zu verbinden. Dieses Geschäft verkörpert unsere Marke wirklich und hebt sie auf ein neues Niveau, indem es unserer Community ein einzigartiges Erlebnis bietet«, sagt Hans-Christian Meyer, der seit gut drei Jahren CEO des Unternehmens ist.

Ein Beispiel dafür seien digitale Features, wie die Decke, die mit über 300.000 Farben für Partys oder besondere Veranstaltungen beleuchtet werden könne. Die zwar nur 150 m² große Fläche schaffe durch die strategische Platzierung von Spiegeln und kontrastierenden Materialien einen »visuell fesselnden Raum«, der größer wirke als er ist. Das vom Designstudio Thibaut Allgayer entworfene Store-Konzept spielt mit Kontrasten. Während Kombinationen von weich und hart, rund und gerade sowie Holz und Stahl Spannung erzeugen, sorgt die Farbgebung in Neutral-Tönen für Ruhe.

»Es war wichtig, eine neutrale Basis für den Laden zu schaffen, die sehr farbenfrohe Kleidung aufnimmt, und digitale Funktionen zu integrieren, die sich an verschiedene Kollektionen und Trends anpassen«, erklärt Store-Designer Thibaut Allgayer seine Intention bei der Gestaltung, die auch die Community fokussiert. Eine große runde Steinbank dient sowohl als Ausstellungsstück als auch als große Sitzbank für Veranstaltungen. Denn, sagt Allgayer, »es geht heute um mehr als nur um den Verkauf eines Produkts, es geht darum, die Kunden zu inspirieren und eine Gemeinschaft rund um eine Marke zu schaffen«.

Den eingeschlagenen Expansionskurs will das Unternehmen mit Hauptsitz in Stockholm weiter fortsetzen. »Wir sehen eine wachsende Nachfrage nach unserer einzigartigen Art, Mode und Sport miteinander zu verbinden. Deshalb setzen wir unsere globale Expansion fort, um die Welt von J.Lindeberg einem neuen Publikum auf der ganzen Welt näherzubringen«, sagt CEO Meyer.

Østergade 21, 1100 Kopenhagen, Dänemark | ERÖFFNUNG August 2023 | GRÖSSE 150 m² | ARCHITEKTUR Thibaut Allgayer Design Studio | LADENBAU & LICHT keine Angaben | FOTOS J.Lindeberg

TRIUMPH, WIEN

Der Wäschespezialist Triumph hat in Wien seine neueste Retail-Innovation aus dem eigenen Haus vorgestellt: My Atelier. Der Store soll dabei nicht nur die neuesten Kollektionen beherbergen, sondern auch lokalen Künstlern und Künstlerinnen eine Bühne bieten. Den Auftakt machte in der österreichischen Hauptstadt die Künstlerin Violetta Ehnsperg.

KUNST(-RAUM)

Auf Zürich folgt Wien: Mit dem neuen Store an der Adresse Mariahilferstraße 22 präsentierte Triumph im Mai 2023 seinen zweiten »My Atelier«-Store in Europa. Mit dem Ladenkonzept möchte der Wäschespezialist Kunden ein »innovatives, informatives und interaktives Shopping-Erlebnis« bieten, das über traditionelle Verkaufsräume hinausgeht. Der neue Ladenbau ist die Konsequenz aus der kürzlich komplett überarbeiteten und lancierten neuen Markenidentität des traditionsreichen Unternehmens. Besonderes Highlight der Stores ist die Kooperation mit lokalen Kreativen. Damit verfolgt das Unternehmen das Ziel, junge Künstlerinnen und Künstler zu fördern und eine Verbindung zur lokalen Community herzustellen.

In Wien hat Triumph mit Violetta Ehnsperg kooperiert. Die Künstlerin resümiert: »Die Partnerschaft mit Triumph ermöglicht es mir, meine künstlerische Vision einem breiteren Publikum, noch dazu in meiner Heimatstadt Wien, vorzustellen, und ich bin begeistert, dass ich die Möglichkeit habe, meine Arbeit im neuen My Atelier-Store-Konzept der Marke zu präsentieren.«

Bei der Ladengestaltung ging es so dabei nicht nur darum, der Ware einen passenden Raum bieten, sondern auch den Kunstwerken eine Bühne zu bieten. Dafür setzt das Unternehmen auf eine ruhige Farbgestaltung, wenn auch mit kräftigen, erdigen Tönen. Senfgelbes Ocker, dunkles Grün und warmes Rostorange sorgen in Kombination mit hellem Holz für eine warme Wohlfühlatmosphäre. Dabei strukturieren neben den hölzernen Warenträgern Bogengänge die knapp 200 m² große Fläche.

Auf die Premieren in Zürich und Wien werden weitere Stores folgen. Der neue Laden sei eine Mischung aus Pilotprojekt und Flaggschiff, heißt es vom Unternehmen. Man wolle nun ganz genau beobachten, wie das neue Konzept performt, plane aber weitere Ateliers zu eröffnen.

Mariahilfer Straße 22, 1060 Wien, Österreich | ERÖFFNUNG Mai 2023 | GRÖSSE 175 m² Bruttofläche, 110 m² Ausstellungsfläche | ARCHITEKTUR Initiale Konzeptentwicklung von Our Friends in London, Konzeptanpassung und Umsetzung: UXUS Amsterdam | LADENBAU HMY Group | LICHT Molto Luce | FOTOS Philipp Lipiarski

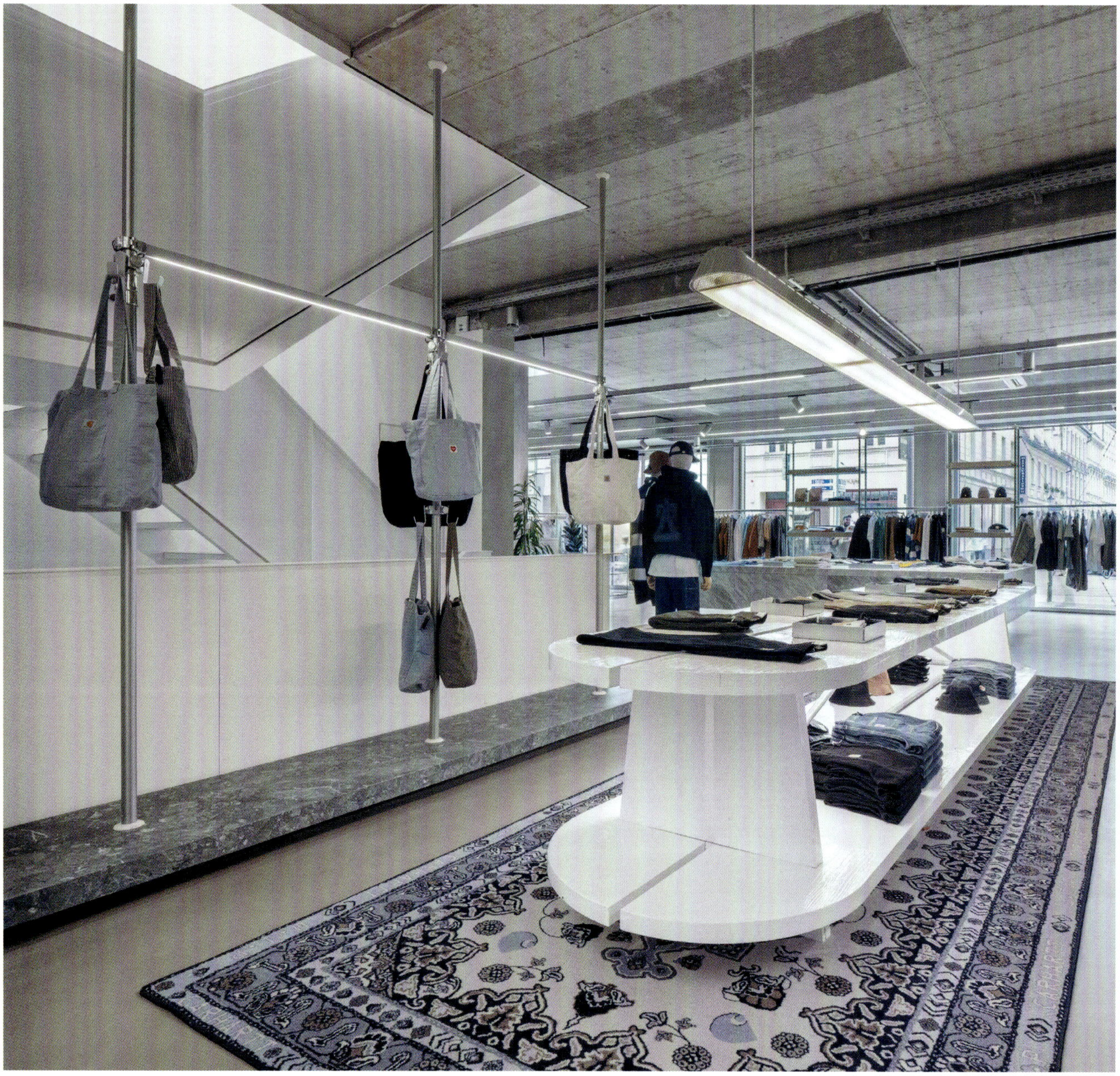

CARHARTT

CARHARTT WIP, BERLIN

320 m² verteilt auf zwei Etagen – das Berliner Carhartt WIP-Flaggschiff auf der Rosenthaler Straße hat im Zuge eines Umbaus die Fläche fast verdoppelt und zeigt sich in brandneuem Design. Entworfen hat den neuen Look des Stores der Mailänder Architekt Andrea Caputo.

BIG IN BERLIN

Beton, Holz, Marmor – das ist der Dreiklang bei der Gestaltung des neuen Carhartt WIP-Stores in Berlin Mitte. Der Store liegt auf der belebten Rosenthaler Straße in einem Eckhaus mit großen Fensterfronten. Im Zuge des Umbaus wurden die Fenster sowohl im Erdgeschoss wie auch im ersten Obergeschoss offen gestaltet, sodass reichlich Tageslicht hereinkommt und die neu gestaltete Fläche licht und hell wirkt. In der Mitte, gleich über dem Kassentresen, verbindet ein Lichthof die beiden Etagen miteinander und schafft so interessante Perspektiven.

An Böden, Wänden und Decken des Stores wird gänzlich auf Belag oder Verkleidungen verzichtet. Stattdessen gibt Sichtbeton den Räumen einen industriellen Look, genau wie die Stahlpfeiler, die sich durch den kompletten Laden ziehen. Man kennt sie aus dem Gerüstbau, im Laden werden sie allerdings als robuste Kleiderstangen eingesetzt.

Warentische in Kubus-Form, einer in dunklem Marmor-Look und einer aus Sperrholz, geben der Fläche Kontur und dienen als Präsentationsmöbel für Accessoires oder Shirts und Pullis. Beide Materialien finden sich auch im breiten Kassentresen wieder, hinter dem ein großer Screen die Aufmerksamkeit auf sich zieht.

Großformatige Perserteppiche unter den Präsentationsmöbeln lockern die Fläche auf und geben dem recht kühlen Design eine Dosis Wohnlichkeit. In den Umkleiden kommt außerdem ein weiteres Trendmaterial im Interior Design zum Einsatz: gelochtes Stahlblech, das zu haselnussbraunen Vorhängen kombiniert wird. Immer wieder wird so der kühle Industrial Look aufgebrochen durch wohnliche Elemente.

Nach dem Umbau ist der neue Carhartt WIP in Berlin der drittgrößte Store der Marke in Europa. Angeboten werden die Kollektionen für Damen, Herren und Accessoires von Carhartt WIP sowie exklusive Kooperationen.

Rosenthaler Straße 48, 10178 Berlin | ERÖFFNUNG Juli 2023 | GRÖSSE 320 m², zwei Etagen | ARCHITEKTUR Salomée Faeh & Andrea Caputo | LADENBAU & LICHT keine Angaben | FOTOS Carhartt

RAINS

Das Outerwear-Label Rains setzt seinen Expansionskurs fort. In der Berliner Top-Lage Kurfürstendamm 200 haben die Dänen einen zweiten Laden in der Hauptstadt eröffnet. Das Design knüpft an die zuletzt eröffneten Stores an und zeigt sich minimalistisch-cool mit Twist.

WETTERFEST AM KURFÜRSTENDAMM

Wasserfeste Outerwear, Taschen und Accessoires von Rains gibt es nun auch auf dem Kurfürstendamm. Ganz dem Storytelling der Marke entsprechend zeigt sich auch das Ladendesign im rund 120 m² großen Store eher zurückhaltend, aber dennoch alles andere als langweilig.

Zu Regalen und Kleiderstangen aus Edelstahl und grauen Wänden und Teppichböden gesellt sich eine geschwungene Lichtinstallation an der Decke, die zugleich auch Eyecatcher im zentralen Bereich des Ladens ist. Die Präsentationspodeste – insbesondere für Accessoires – sind ein weiterer Hingucker. Sie gleichen Skulpturen aus weißem, grobem Material und verleihen so dem Laden den Look einer Kunstgalerie.

Die Eröffnung am 31. März feierte das Label mit einer kleinen Party mit Drinks und DJ. Außerdem gab es anlässlich der Eröffnung einen ersten Pre-Launch des 3D gedruckten Sneakers aus der Kooperation von Rains und Zellerfeld – ein Unternehmen, das auf Schuhe aus dem 3D-Drucker spezialisiert ist.

Für den Bereich um den Kurfürstendamm 200 ist der Laden der dänischen Trend-Marke ein weiterer Schritt in Richtung gehobene Shoppingmeile. In direkter Nachbarschaft liegen Läden von Sandro, Maje, 7 For All Mankind, Baldessarini und weiteren Modelabels aus dem Premium-Bereich.

Rains vereint in der Kollektion einen konzeptionellen mit einem funktionalen Designansatz. Herzstück ist eine Neuinterpretation des klassischen gummierten Regenmantels. Alle Stücke sind unisex und tragen eine skandinavisch-minimalistische Handschrift und sollen »anspruchsvollen Stadtbewohnern die Freiheit geben, die urbane Natur zu erkunden«, heißt es.

Die 2012 gegründete Marke startete 2016 in die Retail-Expansion. Im Fokus stehen dabei hauptsächlich große, ikonische Städte. Rains führt in Deutschland jetzt insgesamt vier Läden. An der Weinmeisterstraße 12 bis 14, Nähe Hackescher Markt in Berlin-Mitte sind sie bereits mit einem Geschäft in Berlin präsent, zwei weitere Stores sind in Hamburg. Daneben gibt es etwas über 20 Läden weltweit, u. a. in Shanghai, Paris, New York und London.

Kurfürstendamm 200, 10719 Berlin | ERÖFFNUNG März 2023 | GRÖSSE 121 m² | ARCHITEKTUR, LADENBAU & LICHT keine Angaben | FOTOS Rains

STONE ISLAND, MÜNCHEN

Die Premium-Sportswear-Brand hat ihr neues Store-Design nach München gebracht. Kern des neuen Konzepts: Community Space kreiert mit Elementen und Materialien, die die DNA der Marke widerspiegeln und erklären sollen.

RAUM FÜR BEGEGNUNG

Der 360 m² große Store, der sich über drei Stockwerke erstreckt, folgt dem neuen Retail-Konzept, das seine Premiere in Chicago im Herbst 2022 feierte. Entworfen wurde es in Zusammenarbeit mit dem niederländischen Designbüro und Thinktank OMA/AMO. Vor allem Materialien und Prozesse, die »die DNA der Marke in Bezug auf Forschung und Entwicklung widerspiegeln« finden beim neuen Konzept Verwendung. Zu sehen sind darüber hinaus »einzigartige Designdetails, die so nur im Store in München zu finden sind«.

Wie zum Beispiel an der Fassade des in der Münchener Altstadt gelegenen Stores. Diese besteht aus heimischem Granit und soll eine Hommage an die bayerische Landeshauptstadt darstellen. Große Schaufenster geben den Blick frei auf die Fläche und ein Kernelement des neuen Ladenkonzepts: ein großformatiger, von der Decke hängender Leuchter, der sich neigen, drehen und auch absenken lässt und sich so in eine beleuchtete Display-Fläche verwandelt.

Der Store zeigt die gesamte Bandbreite der Stone Island Produktpalette, einschließlich der saisonalen Kollektionen sowie der Serien Ghost, Marina und Stellina.
Neben den Produkten erfahren Besucher jede Menge über die Hintergründe, die Forschung und Innovation der Marke. So zeigen im hinteren Teil des Erdgeschosses eine Reihe miteinander verbundener

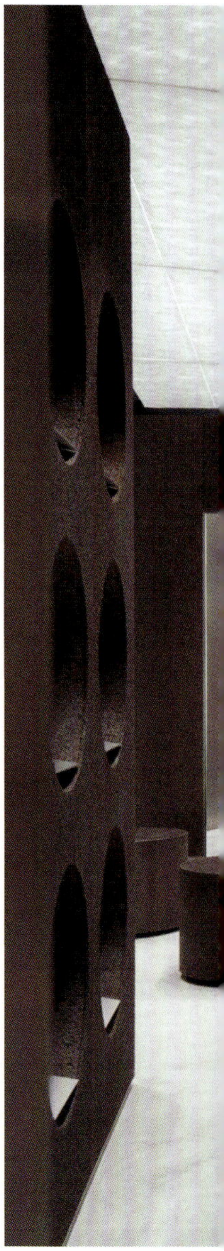

Videodisplays auf einer roten Kunstharzwand die verschiedenen Phasen der Produktionsprozesse. Daneben gibt es einen Ausstellungsbereich, in dem drei Stone Island-Modelle zu sehen sind – sowohl Designs aus dem Archiv als auch neue Produkte.

Das Untergeschoss ist der Community gewidmet. Der Bereich ist mit Sitzgelegenheiten ausgestattet für Vorträge und Veranstaltungen. Auch die Ausstellung besonderer Stone Island-Stücke findet hier ihren Raum. Die Wände bestehen aus komprimierten Erdschichten und sollen an die Adern erinnern, die den Erdboden durchziehen.

Gestalterisch ist Kork ein Schlüsselelement – gebrannt, sandgestrahlt und beschichtet. Das sorgt nicht nur für eine dunkle, strukturierte Optik, sondern bringt darüber hinaus auch funktionale Eigenschaften mit: Kork absorbiert Schall und wirkt gleichzeitig Feuchtigkeit entgegen.

Die Möbel bestehen aus geschreddertem Recyclingpapier und Harzen, die unter hohem Druck komprimiert wurden. Sie wirken wie aus Beton gegossen. Manuell sandgestrahlte, gewellte Metallplatten wurden mit Sand und Harzen beschichtet, um strukturierte Effekte zu erzielen. Die Leuchtkästen sind mit Tyvek – ein Vliesstoff aus Polyethylen – verkleidet. Zusätzlich haben drei Gastdesigner Einzelstücke für den neuen Standort designt. Tim Hooijmans von De Studio etwa hat Beleuchtungselemente aus haltbarem und recycelbarem Aluminium hergestellt. Tim Teven schuf Hocker für die Umkleideräume, und Elvis Wesley hat eine Aluminiumvitrine entworfen, in der ständig wechselnde Sonderkollektionen ausgestellt werden.

Perusastraße 2, 80333 München | ERÖFFNUNG Juli 2023 | GRÖSSE 360 m² | ARCHITEKTUR OMA/AMO, Samir Bantal, Director AMO Project Leader: Mateusz Kiercz | LADENBAU OMA/AMO | LICHT Tim Hooijmans, De Studio | FOTOS Marco Ceppelletti, Courtesy of Stone Island and OMA/AMO

LAUINGER PLANUNG
& PROJEKT
GMBH & CO. KG

LADENBAU
OBJEKTEINRICHTUNG
INNENAUSBAU

Wir sind Ihr zuverlässiger Partner für HOCHWERTIGEN und EXKLUSIVEN Laden- und Innenausbau im Bereich Handel, Industrie und Dienstleistung.

Unsere Produkte werden ausschließlich in Deutschland hergestellt. Design, Produktion und Montage erfolgen in unserem eigenen Unternehmen, was eine reibungslose Umsetzung von einzelnen Möbelkomponenten bis hin zur schlüsselfertigen Komplettausstattung von Großobjekten ermöglicht.

Unser Fokus liegt auf einer NACHHALTIGEN und ÖKOLOGISCHEN Arbeitsweise. Bei der gesamten Produktion nutzen wir Solarenergie und bevorzugen heimische Hölzer.

SCHLEGEL
concepts
KOMPLETTLÖSUNGEN
GENERALUNTERNEHMER | MÖBELPRODUKTION | LADENBAU | SERIENKONZEPTE
WWW.SCHLEGEL-CONCEPTS.COM
OLYMP @ Premium Berlin, Foto: Schlegel GmbH/offenblen.de

>500 m²

ANTONIA SANT'ANDREA, MAILAND

Mailand hat einen neuen Magneten – für einheimische Fashion-Fans genauso wie für ausländische Besucher: Luxusmode-Händler Antonia hat den zweiten Store in der Stadt eröffnet. An geschichtsträchtiger, neu entwickelter Adresse, mitten im berühmten Goldenen Dreieck.

LUXUSMODE IM PRIESTERSEMINAR

Der im 16. Jahrhundert erbaute Gebäudekomplex im Modeviertel der Mailänder Innenstadt war einst Standort des zentralen Priesterseminars des römisch-katholischen Erzbistums von Mailand und verfügt über einen 2800 m² großen Innenhof mit einem sehenswerten Säulengang und einem monumentalen Eingangstor. Auf dem weitläufigen Areal befindet sich nach der Renovierung neben Läden und Gastronomie das luxuriöse Boutique-Hotel Portrait Milano, das zur Lungarno Collection gehört, dem Hotel-Portfolio der Familie Ferragamo. Dessen anspruchsvolle Hotelgäste können seit Dezember 2022 direkt nebenan gleich ihre Fashion-Einkäufe tätigen.

In den Bogengängen des Komplexes, der über zwei Eingänge – einen vom Corso Venezia und einen von der Via Sant'Andrea aus – zugänglich ist, befindet sich der zweite

JOE
COOL

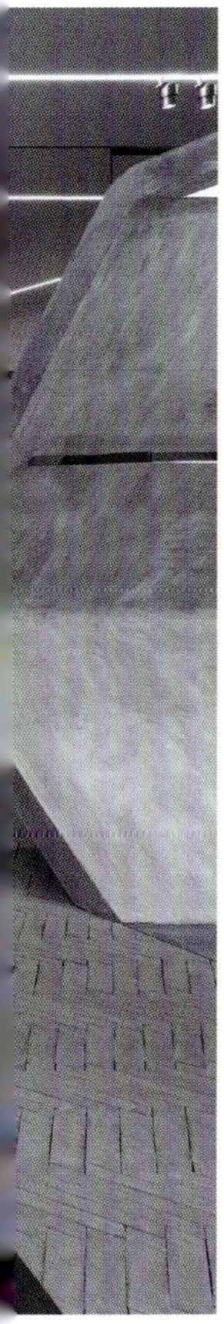

Mailänder Store von Antonia, das 1999 von Antonia Giacinti ins Leben gerufene High Fashion-Konzept. »Dieses neue Format bricht mit dem klassischen Modeschema und verfolgt einen jungen Ansatz, der der Einzigartigkeit und Neuheit den Vorzug gibt und aufstrebenden Namen mit einer klaren Identität Sichtbarkeit verleiht«, sagt Maurizio Purificato, der Antonia inzwischen gemeinsam mit Giacinti führt. Der 800 m² große Store soll mit seinem Angebot für Männer und Frauen den Standort an der Via Cusani ergänzen.

Das Konzept spielt mit einem Mix aus Newcomern und etablierten Namen. Es gibt einen imposanten Sneaker-Bereich für Männer und fünf Monobrand-Corner, die für ein wechselndes Angebot von Labels konzipiert wurden. Dazu gehören etwa Loewe, Alaïa, Amina Muaddi, The Row, Jil Sander, Khaite, The Attico, Jacquemus und Maison Margiela, aber auch Sport-Brands wie Nike und Adidas.

Das Store-Design wurde wie in allen Antonia-Läden von Vincenzo de Cotiis entwickelt. Inspirationsquelle dafür war der brutalistische Architektur-Stil mit seinem rohen, industriellen Touch, der durch die sieben Meter hohen Decken noch verstärkt wird. Akzente setzt das Zusammenspiel kontrastreicher Materialien: Spiegelglanz zu rauem Zement, Holz zu Stein, Mikroharz zu Metallgittern. Und immer wieder treffen Rundbögen und Kreise auf kantige, fast schon scharf wirkende Präsentationselemente.

Antonia Giacinti und Maurizio Purificato haben ihr Konzept bereits ins Ausland exportiert. 2016 eröffneten sie einen Antonia-Store in Macao, zwei Jahre später starteten sie in Festlandchina mit einem 500 m² großen Store in der K11 Art Mall in Wuhan.

Via Sant'Andrea 10, 20121 Mailand, Italien | ERÖFFNUNG Dezember 2022 | GRÖSSE 800 m² | ARCHITEKTUR Vincenzo de Cotiis | LADENBAU & LICHT keine Angaben | FOTOS Antonia

WE CARE TOGETHER
Peek&Cloppenburg
Peek & Cloppenburg Düsseldorf eröffnet unter der Initiative We Care Together einen neuen Store für bewusstere Mode.
Wir schaffen einen Raum – ein Lab, um neue Ansätze in nachhaltigerer Mode und bewusstem Konsum zu testen und zu etablieren. Eine Plattform, ein Ort, an dem wir gemeinsam mit allen eine nachhaltigere Zukunft gestalten wollen – Creating Future Memories. Together.
Der Store ist auch Sinnbild für die Sustainability Journey von Peek & Cloppenburg unter der Initiative We Care Together.
Nicht perfekt. Aber mit dem Anspruch, besser zu werden.

P&C CONSCIOUS FASHION STORE, BERLIN

Neustart mit Symbolcharakter: Mitten im Schutzschirmverfahren hat im Berliner Shopping-Center The Playce der erste grüne Pilot-Store von P&C Düsseldorf eröffnet. An dem einzigartigen Konzept wurde lange gefeilt. Es soll zeigen, wie ernst die Düsseldorfer ihr Engagement in Sachen Nachhaltigkeit nehmen.

ARCHITEKTUR DES **WEGLASSENS**

Nichts gemacht, schimpft eine Kundin kopfschüttelnd und zeigt auf den nackten Betonboden. »Da sieht man doch gleich, dass die kein Geld mehr haben«, sagt die Rentnerin, die sich auf den neuen P&C gefreut hat und glücklich ist, als sie viele bekannte Marken wie Windsor, Marc Cain und Boss entdeckt. »Es könnten noch ein paar mehr Fair Fashion-Labels sein, und vor allem würde ich mir genauere Erläuterungen an den Teilen wünschen, was hier wirklich nachhaltig ist. Ein ›Responsible‹ ist ja ein bisschen dünn und ›recyceltes Polyester‹ sowieso fragwürdig«, moniert Friederike von Wedel-Parlow, Professorin für Sustainable Design an der AMD.

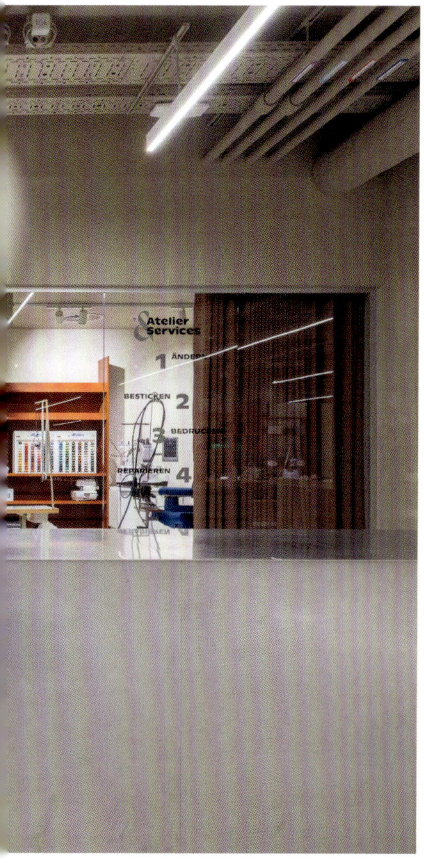

Das sind die Extreme, zwischen denen sich die Düsseldorfer bewegen – zwischen ihrer Stammklientel, von denen viele Best Ager sind, die auch an den beiden Eröffnungstagen die Mehrheit der Besucher ausmachten und die ihr übliches Sortiment suchen. Und den informierten Fair Fashion-Shoppern, die mit Spannung auf die lang angekündigte Neueröffnung des grünen Pilot-Stores gewartet und ein stärkeres Commitment erwartet hatten.

Insgesamt gibt es überraschend viele konventionelle Anbieter aus dem üblichen P&C-Sortiment, wie Marc O'Polo, Tommy Hilfiger und Replay, von denen laut Thimo Schwenzfeier, der den Laden konzipiert hat und ihn gemeinsam mit Paul Heinemann managt, nur nachhaltige Kapseln eingekauft wurden. Reine Fair Fashion-Labels machen kaum 30 Prozent aus. Neu ist die DOB-Marke Lanius, die prominent im Eingangsbereich präsentiert wird. Auch Knowledge Cotton Apparel bekommt eine eigene Fläche im Erdgeschoss gegenüber der Eigenmarke Jake*s Studio aus dem »We care together«-Nachhaltigkeitsprogramm von P&C. Dabei sind zudem Labels wie Vaude und Colorful Standard sowie aus dem P&C-Sortiment Armedangels und Ecoalf.

Wirklich einzigartig und ganz anders als in den üblichen Filialen sind die Präsentation auf der insgesamt 3000 m² großen Fläche und der Ladenbau, der von der Kreativagentur Kemmler Kemmler stammt. Nach einer »Architektur des Weglassens« wurde der neue Eco-Store so ressourcenschonend wie möglich gestaltet. Ohne Deckenverkleidungen, Wandabhängungen und Bodenbeläge. Das Möbelkonzept ist deutlich reduzierter. An den Marken-Shops wird der Name der Hersteller nur mittels einer Lichtinstallation gezeigt. Zudem hängt deutlich weniger Ware im Store als üblich. Die Stangen wirken sehr luftig. Dazwischen gibt es viel Platz für Interaktion mit dem Kunden.

Im ersten Untergeschoss befindet sich eine gläserne Manufaktur, in der vier festangestellte Schneiderinnen Reparaturen und Änderungen vornehmen. Zudem sind dort Print- und Stickmaschinen aufgebaut, an denen die Kunden ihre Kleidungsstücke individualisieren und verschönern können, sowohl die neu gekauften als auch Teile aus dem Kleiderschrank. Dieser Service wurde schon an den Eröffnungstagen so stark nachgefragt, dass Schwenzfeier schon jetzt über eine Erweiterung der Kapazitäten nachdenkt. Zudem seien regelmäßige Näh-Kurse und Upcycling-Workshops geplant.

Ein weiteres Novum befindet sich im zweiten UG. Dort hat der Konzern erstmals eine Secondhand-Fläche integriert, die vom Hamburger Spezialisten Vintage & Rags bestückt wird. Daneben gibt es zwischen Sneaker-Regalen eine abtrennbare Event-Fläche, auf der regelmäßig Diskussionsrunden stattfinden sollen.

Alte Potsdamer Straße 7, 10785 Berlin | ERÖFFNUNG Mai 2023 | GRÖSSE 3000 m², drei Etagen | ARCHITEKTUR Kemmler Kemmler | LADENBAU Vizona | LICHT Ansorg | FOTOS Peek & Cloppenburg Düsseldorf

THIS
MUST
BE THE
PLACE
GUCCI

Seine Vision eines zeitgemäßen Lifestyle-Stores hatte Felice di Lucia schon lange im Kopf. Als dann in der Balinger Innenstadt ein Geschäftshaus abgerissen und neu gebaut wurde, gab es die passende Fläche, um seine Vorstellungen umzusetzen und seinen fünften Store am Standort zu eröffnen.

NEUDEFINITION DES EINZELHANDELS

Schon der Name des neuesten Stores der di Lucia Group in Balingen verrät den Anspruch an die Neueröffnung. Place to be heißt der Store, der Anfang Juli 2023 in der Friedrichstraße seine Türen öffnete. Auf 800 m² präsentiert dort Inhaber Felice di Lucia seine Definition des Einzelhandels der Zukunft. Das Place to be soll ein Ort des Entdeckens, Verweilens und Erlebens sein. Diese unterschiedlichen Ebenen spiegeln sich in der Gestaltung des Stores wider.

In dem neu gebauten Geschäftshaus, in dem der Store eingezogen ist, waren eigentlich zwei nebeneinander liegende Ladenflächen vorgesehen. Da die Haupteinkaufsstraße in Balingen leicht abschüssig ist, sind diese höhenmäßig etwas versetzt voneinander und jetzt mit einer kleinen Treppe sowie einer Rampe verbunden. Ein Umstand, der zum besonderen Charme des Place to be beiträgt und das perfekte Setting für einen Store liefert, der zum Flanieren einladen und seinen Besucherinnen und Besuchern immer wieder neue überraschende Blickachsen und Einblicke bieten möchte.

Einen Hingucker gibt es gleich im Eingangsbereich. Über die gesamte Breite ziehen sich drei Torbögen aus schwarzem Lochblech. Schwarzes Metall dominiert auch dahinter die Ladengestaltung. In Kombination mit Sichtbetonwänden, rauen Pfeilern, Estrichboden, offenen Leitungen und Lichtobjekten ergibt sich ein puristisch-urbanes Flair.

Lückenlos fügen sich darin die Shop-Systeme von Yaya, Opus und Mango ein. Für sanft-warme Akzente sorgt der helle Holzboden in der oberen Hälfte des Stores, aber vor allem die von der Decke hängenden Rondelle aus goldenen Ketten. Sie sind Eyecatcher und weisen gleichzeitig den Weg zu den Wareninseln, die darunter aufgebaut sind. Hier sind immer wieder wechselnde Lifestyle-Produkte wie Popcorn, Macarons, Gin, Geschirr oder Espressomaschinen in Szene gesetzt.

Das Spiel der Gegensätze zeigt sich nicht nur in der Farbgebung, sondern in der großen Vielfalt an verbauten Materialien. Da trifft der Estrichboden auf das Holzparkett. Da bedecken Fliesen in Glasbausteinoptik die glatten Sichtbetonwände, und hinter lackierten Metallregalen zeigen sich mit grauem Beton grob verputzte Rückwände. Die Spannung soll im Place to be insgesamt hoch gehalten werden. Samstags bezieht ein DJ den mitten auf der Verkaufsfläche positionierten DJ-Pult, die großzügige Bar an der Kasseninsel unter einem der goldenen Rondelle lädt als Treffpunkt ein, und regelmäßige Events wie Kunstausstellungen sorgen für neue Impulse und eine Sortimentserweiterung um Bilder und Objekte. Die gute Resonanz der ersten Monate bestätigt die Message, die in leuchtenden Buchstaben an einer Rückwand prangt: »This must be the place«.

Friedrichstraße 12, 72336 Balingen | ERÖFFNUNG Juli 2023 | GRÖSSE 800 m² | ARCHITEKTUR Till Wäschle | LADENBAU &LICHT Knoblauch | FOTOS Jens Pfisterer

DIESEL
DIESEL

DIESEL

DIESEL, PARIS

Zwischen renommierten Mode- und Luxushäusern auf einer der berühmtesten Einkaufsmeilen der Welt hat Diesel kürzlich den neusten Flagship-Store eröffnet. Er soll das Ethos der Marke im Pariser Kontext zum Ausdruck bringen und setzt dabei vor allem auf eine Farbe.

RED **REBEL**

Die neuen Räumlichkeiten in der Rue Saint-Honoré 223 in Paris seien der höchste Ausdruck des Mode- und Designverständnisses unter der kreativen Leitung von Glenn Martens, heißt es von der OTB-Tochter, die 1978 von Renzo Rosso gegründet wurde. Es soll die Kühnheit, den Individualismus, die Freiheit und die Nonkonformität der Marke unterstreichen, deren Wurzeln in der Denim-Produktion liegen. Der neue, 585 m² große Store in der französischen Hauptstadt wird vom Headquarter so auch als die »kraftvollste Interpretation des kürzlich eingeführten Einzelhandelsdesignkonzepts« beschrieben. Wahrlich sticht der rote Rebell zwischen den anderen Store deutlich heraus – allein schon farblich.

So bildet die grafische Anwendung des ikonischen Diesel-Rottons in Verbindung mit industriellen Metallplakaten den Kern des Store-Designs. Werbetafeln, die alte Diesel-Werbung aufgreifen und unter anderem entlang der berühmten amerikanischen Highways wie der Route 66 standen, sind Anker für die Gestaltung.

Die Wände sind mit genieteten, rohen Stahlpaneelen verkleidet, als wären die Werbetafeln abgebaut, wiederverwendet und umgedreht worden. Exponiert inszeniert werden aber auch einzelne Produkte. So sind die 1DR-Taschen und -Kapseln in einem Raum ausgestellt, der mit abziehbaren Plakatwänden ganz instagramable gestaltet ist.

Beim Red Room ist der Name Programm. Der monochrome Raum mit lackierten Wänden in Dieselrot beherbergt die Denim-Kollektion, das Herzstück der Marke. Eine rote Treppe und ein Aufzug führen nach oben. Dort erinnern texturierte Popcorn-Stuckwände und freiliegende Decken mit abgehängten Lichtkästen und Fenstern mit Lamellenvorhang an ein minimalistisches Atelier für Damen- und Herrenkonfektion, Schuhe und Taschen. Neben den Kollektionen mit Bekleidung, Accessoires, Düften, Uhren sowie Schmuck und Living, gibt es exklusiv im Store eine Capsule-Kollektion aus solarisiertem Denim – in sonnengebleichter Optik dank einer speziellen Behandlung.

Rue Saint-Honoré 223, 75001 Paris, Frankreich | ERÖFFNUNG Juli 2023 | GRÖSSE 585 m² | ARCHITEKTUR Glenn Martens | LADENBAU & LICHT keine Angaben | FOTOS Diesel

LUDWIG BECK, MÜNCHEN

Ludwig Beck hat die Pandemie-Jahre und die ersten Monate 2023 genutzt, um sein Profil zu schärfen, denn der Wettbewerb rund um den Marienplatz hat sich verändert. Mit dem Umbau weiterer Abteilungen betont das Münchener Traditionshaus seinen Gestaltungsanspruch.

WEITERE ETAPPE

Am Anfang war das Problem mit den Böden. Vor allem im ersten und zweiten Stock liefen die Kunden von Ludwig Beck auf 80er-Jahre-Chic. Eine Komplett-erneuerung war unausweichlich. Bedeutete aber auch gesperrte Flächen, Baustellen im Haus. Bei laufendem Betrieb. Kurz: ein Projekt, das man unter normalen Umständen gern vor sich herschiebt. Dann kam Corona. Das Haus war im Lockdown und damit Zeit für größere Arbeiten. Für einen neuen Fußboden, aber auch einen großangelegten Umbau. In den vergangenen drei Jahren gestaltete Ludwig Beck drei zentrale Etagen um. Eine weitere Etappe wurde im Juni 2023 abgeschlossen. Wie viel genau der jüngste Umbau gekostet hat, kommuniziert Geschäftsführer Christian Greiner nicht. Nur so viel: Seit 2018 wurden 5,4 Mio. Euro investiert.

HOCHZEIT
KARTEN

MAC
BRAX |
RAPHAELA BY BRAX |
MAC |
DAYDREAM |
CAMBIO |
RAFFAELLO ROSSI |
SEDUCTIVE |
ARMEDANGELS |
REPLAY |
NUDIE JEANS CO |
ITEM M6 |

CAMBIO

Es sind wichtige Weichenstellungen. Schließlich verändert sich gerade der Wettbewerb in der Münchener Innenstadt. Die KaDeWe Group hat Oberpollinger generalüberholt. Lodenfrey steht nach wie vor für Premium- und Luxusmode. Und Breuninger hat Konen übernommen. Wie also profiliert sich ein Haus wie Ludwig Beck in diesem neuen Gefüge? Es spielt noch stärker seine USPs aus. Besetzt mit Strumpfhaus, Kurzwarengeschäft und großer Musikabteilung mit Eventbühne kompetent Nischen. Im Zuge des großen Umbauprojekts, das in mehreren Etappen lief, wurden zudem weitere Kompetenzen gestärkt und ausgebaut. Neue Schwerpunkte gesetzt.

Ganz neu hinzugekommen ist im Juni 2023 die Bademodenabteilung in der zweiten Etage. Das Hamburger Innenarchitektur-Büro Breil+ inszeniert die großzügige Fläche wie ein Schwimmbad – mit blauen Kacheln an der Wand und einem Glasdach in der Mitte. Das Wandregalsystem erinnert an Masten aus dem Segelsport. Optisches Highlight ist das »Olympische Dach«. Es besteht aus einer kunstvollen Treppenhausumspannung aus recycelten Tauen. Zusammen mit der 2020 neu gestalteten Wäscheabteilung bedient Ludwig Beck hier ein Segment, das nach der Schließung des für seine große Wäschekompetenz bekannten Karstadt-Hauses am Münchener Hauptbahnhof neu besetzt wird.

Gleiches gilt für die Papeterie. Im Januar 2023 eröffnete sie neu gestaltet auf nun 550 m². Und wo andere Händler ihre Kindermodenabteilungen schließen, setzte Ludwig Beck ganz bewusst auf das Segment, betont Greiner. Auch diese Abteilung wurde an neuem Ort in neuer Optik zwischen Pop-Art und Art déco aufgebaut. Helles Holz und offene Fensterflächen sorgen für eine freundliche Atmosphäre.

Bei allen modischen Spitzen bleiben für das Haus Stammsortimente wesentlich. Sie sind in der zweiten Etage beheimatet. Neu inszeniert wurde im Frühjahr 2023 dort auch die Hosenstammabteilung mit Marken wie Cambio, Raffaelo Rossi, Seductive und Brax. Auch hier dominiert die Farbe Blau, jedoch in gedämpften, zurückhaltenden Nuancen.

Jede Marke bzw. jeder Hosentyp erhält eine individuelle Darstellung, aber stets in der Designhandschrift von Ludwig Beck. So sind die Rückwände bei Brax in Farbverläufe getaucht, ein Tisch mit integrierter Beleuchtung rückt die Hosen in das rechte Licht. Auf der Fläche von Mac zieht sich eine Metallkonstruktion über Wand und Decke. Weitere Highlights sind eine Ecke mit Terrazzowänden und einem aufwändigen Lichtelement sowie eine Jeansabteilung im Batiklook auf Filz gedruckt. Die weiß-blauen Muster erinnern an den Himmel über der bayerischen Hauptstadt.

Marienplatz 11, 80331 München | ERÖFFNUNG Juni 2023 | GRÖSSE 1900 m² Verkaufsfläche | ARCHITEKTUR Breil+ Interior Design | LADENBAU Lauinger Planung + Projekt | LICHT Ansorg und XAL | FOTOS Dirk Tacke

HOGAN

SANDRO

BREUNINGER, MÜNCHEN

Seitdem die Übernahme von Konen durch Breuninger bekannt geworden ist, wurde die Eröffnung des jüngsten Ablegers des Stuttgarter Department-Stores mit Spannung erwartet. Seit Sommer 2023 bereichert Breuninger nun die Münchener Innenstadt und setzt dabei auf bewährte Gestaltungselemente.

NEUERÖFFNUNG IM **TRADITIONSHAUS**

Optisch wird das Münchener Kapitel in der Breuninger-Unternehmensgeschichte an einem Mittwoch im Sommer 2023 richtig sichtbar: Der Konen-Schriftzug wird abgebaut. Stattdessen hängt nun das Breuninger-Logo über den zwei Eingängen, ziert das Breuninger B die Schaufenster, die Wandverkleidungen und als Skulptur das Treppenauge. Seit 2021 die Übernahme von Konen und Bram durch Breuninger bekannt wurde, stehen in dem Haus an der Sendlinger Straße die Zeichen auf Neuanfang. Der neue Besitzer investiert einen zweistelligen Millionenbetrag in den Umbau des Hauses mit seinen 12.500 m² Verkaufsfläche, verteilt über sechs Etagen.

Sortimentstechnisch und gestalterisch erfolgt dabei ein Trading-up, bei dem die Verbindung zum Traditionellen und Bestehenden durchaus gewahrt werden soll. So führen die Stuttgarter im Untergeschoss einen USP von Konen fort: Eine rund 1000 m² große Schuhfläche. Breuninger baut nun vor allem oben an und setzt u.a. auf Brands wie Golden Goose, Jimmy Choo, Isabel Marant und Tod's. Auch Sneaker fehlen nicht mit Brands wie Autry, New Balance und Adidas Originals. So entstehe eine der größten Damenschuhwelten im gehobenen und High-Fashion-Segment im süddeutschen Raum, sagt René Weise, der gemeinsam mit Alexander Entov das Haus leitet. Optisch dominieren hier Grau- und Weißtöne, arrondiert von messingfarbenen Wandverkleidungen und Warenträgern.

Größere bauliche Veränderungen gab es hingegen im Erdgeschoss. Die große Treppe wurde nach vorn gesetzt und bildet jetzt ein Entrée, das schon mehr an einen Department Store als ein Modehaus der Mitte erinnert. Nicht zuletzt auch durch die neue Beauty-Abteilung, die die Kundinnen und Kunden hier im Erdgeschoss begrüßt. Im Anschluss daran wurde die neue Damen-Accessoires-Abteilung gestaltet. Außerdem hat hier das hauseigene Barkonzept Eduard's by Breuninger – inklusive Außengastronomie – eröffnet.

Fashion für Damen und Herren findet sich in den oberen Etagen. Breuninger führt hier das Kernsortiment von Konen weiter. Baut aber u.a. mit Iris von Arnim, Etro, Vetements, Max Mara, Brunello Cucinelli und Zegna oben im Premium- und Luxussegment an. Dazu kommen Contemporary-Brands wie Sandro, Maje, Ami Paris, Dsquared, Ganni, Bash, Offwhite und Palm Angels. Die Flächen sind hell gestaltet, Rückwände in Marmoroptik oder mit Holzelementen oder verspiegelte Blöcke sind Hingucker. Auffällig sind die großen Fensterflächen, die den Blick nach draußen freigeben.

Ein eigenes Änderungs- und Personalisierungsatelier inklusive Sneaker Reingung (»b_tailored«) rundet das Angebot ab. Service wird buchstäblich viel Raum eingeräumt. Bildet er doch neben dem kuratierten Sortiment »das Rückgrat« von Breuninger, wie CEO Holger Blecker betont. So gibt es in der dritten Etage einen großzügigen Kundenservicebereich mit mehreren Countern für Anliegen rund um die Breuninger Card oder auch Services wie Click & Collect. Eine Etage darüber befinden sich die neuen Private Shopping Lounges. Die Separées sind mit mehr als 20 m² Fläche großzügig gestaltet – und bieten einen grandiosen Blick auf den neusten Standort von Breuninger. »München als Standort sei bereits seit vielen Jahren ein ›Herzenswunsch‹ von Breuninger gewesen«, sagte Blecker zur Preview des neuen Flagship-Stores. Aber man habe ohne Hektik das richtige Haus finden wollen. Mit Konen hat man es gefunden.

Sendlinger Straße 3, 80331 München | ERÖFFNUNG Juni 2023 | GRÖSSE 12.500 m² Verkaufsfläche, sechs Etagen | ARCHITEKTUR, LADENBAU & LICHT keine Angaben | FOTOS Breuninger

YAS

VILA
Vielen Dank für Ihren Einkauf

LIU·JO

GANZBECK, NEUÖTTING

Ein Teilumbau auf 700 m² im vorderen Teil des Erdgeschosses inklusive eines leichten Trading-up beim Sortiment: Das Modehaus Ganzbeck in Neuötting erstrahlt in neuem Glanz und hat dabei keine Kompromisse gemacht.

FÜNF ZIMMER FÜR GANZBECK

Läden mit »Wohlfühl-Charakter« schaffen, das ist das große Anliegen des bayerischen Händler-Ehepaars Manuela und Andreas Ganzbeck. Im März dieses Jahres haben sie erneut Hand angelegt beim 2200 m² großen Stammhaus in der City des kleinen Städtchens im oberbayerischen Landkreis Altötting. Gestemmt innerhalb von zwei Monaten bei laufendem Betrieb. Der letzte Teilumbau war 2017, damals wurde die gesamte erste Etage umgestaltet und das Sortiment ebenfalls angepasst.

Bei der jüngsten Maßnahme sind bis auf Marc O'Polo, Opus und Someday alle Marken-Shops verschwunden. Bei diesen Marken sehe sie noch Wachstumspotenzial, sagt die Chefin, die gemeinsam mit zwei Kolleginnen für den Einkauf von DOB und KOB verantwortlich ist. Das komplette Erdgeschoss des 1780 gegründeten Modehauses ist der DOB gewidmet und in fünf Zimmer gegliedert, wobei jeder Bereich eine eigene Farbe hat.

Mit dem Umbau ging auch ein leichtes Trading-up einher. Neue Namen im Sortiment sind u. a. Someday, Marc Cain und Marc Cain Sport sowie Mango. Nicht mehr dabei sind u. a. Street One und Cecil, »weil der Modegrad nicht mehr zu uns passte«, und auch Vero Moda. »Wir haben uns auch von Lieferanten getrennt, die überdistribuiert sind«, sagt Manuela Ganzbeck. Das Angebot in der DOB reicht von ganz jung bis ganz klassisch. Es sollen alle Stilgruppen bedient werden. In der HAKA ist das Konzept ähnlich.

Bei dem Umbau wurde nahezu alles überarbeitet, vom Boden über die Warenträger bis hin zur Beleuchtung. Kosten: 700.000 Euro inklusive der Komplett-Umstellung auf LEDs. Die Planung und alles, was dazu gehört, stammt aus der Feder von Blocher Partners, Stuttgart; für den Ladenbau verantwortlich war Baierl & Demmelhuber, Töging am Inn. Das Licht kommt von Elan, Köln. Die Bauleitung hat Andreas Ganzbeck selbst übernommen – »Wir haben da Erfahrung.«

Geschaffen wurden auch zwei neue Hingucker: Ein großes Display an der Decke, dessen Motive passend zu den Jahreszeiten ausgetauscht werden können, sowie die Treppe ins Obergeschoss. Sie bildet mit der neuen Pflanzenwand die vertikale Achse. Überall im Haus finden sich kleine, liebevoll gestaltete Nischen mit Sitzgelegenheiten. Auf der HAKA-Fläche im OG teils wahre Antiquitäten-Schätzchen, die einst der Tante von Andreas Ganzbeck gehört haben.

Neben dem Stammhaus führen die Ganzbecks schräg gegenüber das Vis à Vis mit 600 m² Fläche. Dort finden sich ein Bistro, die KOB- und die Wäschefläche. Zwei weitere Ganzbeck-Geschäfte gibt es mit Lieblingsladen und Lieblingsladen 2.0 im rund 15 Kilometer entfernten Burghausen.

Ludwigstraße 88-92, 84524 Neuötting | ERÖFFNUNG März 2023 | GRÖSSE 2200 m², drei Etagen | ARCHITEKTUR Blocher Partners | LADENBAU Baierl & Demmelhuber | LICHT Elan | FOTOS Jan Schmiedel, Gunter Bieringer

WILLKOMMEN
IM NEUEN 1. STOCK

weber

WEBER BUTIKK, ST. GALLEN

Mode Weber hat am Standort St. Gallen die Weber Butikk um ein Geschoss erweitert. In nur zweieinhalb Wochen Umbauzeit bekam die neue Etage, die vorher zum Schweizer Händler Globus gehörte, einen frischen Anstrich. Und das im wahrsten Sinne des Wortes: Pastellige Wandmalereien im Pinselstrich-Look prägen die Fläche.

FRISCH GESTRICHEN

Die neue, größere Weber Butikk umfasst nun 870 m², womit sich die Verkaufsfläche in dem historischen Haus der St. Gallener Innenstadt mehr als verdoppelt hat. Im Zuge des Umbaus wurde der Eingangsbereich über eine Treppe mit einer weiteren Treppe verbunden, die dann ins 1. OG führt. So soll eine Sogwirkung entstehen, die die Kundinnen ins neue Geschoss hinaufführt. Im Treppenhaus werden die Kundinnen mit dem Schriftzug »Willkommen im neuen 1. Stock« begrüßt. Die Fenster des OGs wurden, wie auch schon zuvor im Erdgeschoss, an drei Fassadenseiten geöffnet. So kommt mehr Licht herein und es entsteht ein helleres, offeneres Raumgefühl.

Die Gestaltung der Fläche stammt, wie schon im Erdgeschoss, vom Schweizer Retail-Architekten Dioma (Umsetzung: B+L Schlauri), und ist farblich an das Erdgeschoss angelehnt. Die Farbtöne Crème und Rosé sollen »Leichtigkeit und Harmonie« vermitteln, heißt es. Dazu setzen »Grün und Türkis in diversen Nuancen ein natürliches Statement«. Auch sie wurden teilweise mit bunten Pinselstrichen verziert, die eine Schweizer Künstlerin in Handarbeit an alle Flächen und Möbel angebracht hat. Dazu finden sich florale Gemälde an den Wänden. Wie auch schon im Erdgeschoss gibt es auch im OG die kreisförmigen Leuchten.

Generell hat Dioma im Auftrag von Mode Weber bei der Gestaltung der Fläche versucht, so umweltfreundlich wie möglich zu sein. Sämtliche neu verwendeten Baumaterialien sind aus Plastikabfällen hergestellt. Eingesetzt wurde z. B. »Plattenmaterial aus 100 Prozent recyceltem Kunststoffabfall und recyceltem PET, Wabenkarton und PVS-freie Klebefolien«. Alle Warenmöbel wurden von Dioma selbst entworfen, einige stammen aus Gründen der Nachhaltigkeit noch von Globus. Weitere Möbel sind Vintage-Teile.

Bis vor Kurzem war in dieser neuen Etage noch Globus Home zu finden, wie auch im Rest des Gebäudes. Geplant ist, dass die Weber Butikk peu à peu auch die restlichen Flächen übernimmt.

Mode Weber ist nach eigenen Angaben das führende Modehaus in der Ostschweiz. Die Weber Butikk ist das etwas jüngere, urbanere Konzept aus dem Hause Weber mit Marken wie Closed, Veja, Someday, Drykorn, Stine Goya und American Vintage. Neben Bekleidung gehören auch Schuhe, Accessoires und Kosmetik zum Sortiment.

Vadianstraße 11, 9000 St. Gallen, Schweiz | ERÖFFNUNG September 2023 | GRÖSSE 870 m², zwei Etagen | ARCHITEKTUR Dioma Retailarchitecture | LADENBAU B+L Schlauri | LICHT Dioma Retailarchitecture | FOTOS Tobias Siebrecht Photography

dal 1876
CRASTAN

APPELRATH CÜPPER, MANNHEIM

Neu gedrehter Sortimentsmix trifft auf Wohlfühl-Charakter – so präsentiert sich Appelrath Cüpper nach einem Totalumbau in der Rhein-Neckar-Metropole.

MANNHEIMS **NEUES WOHNZIMMER**

Vom Balkon des italienischen Cafés Crastan im ersten Stock, der auf die Planken hinausreicht, hat man den direkten Blick zum Nachbarn Engelhorn. Den Vergleich mit dem Platzhirsch muss das neu eröffnete Appelrath Cüpper-Haus keineswegs scheuen. Als individuelle Premium-Adresse für die Kundin mit Anspruch will Eigentümer Peter Graf die Mannheimer Dependance wie die gesamte Filialkette positionieren. Es ist der vierte Appelrath Cüpper-Standort, den Graf seit der Übernahme Ende 2020 modernisiert hat.

Die Vision: Modernität und Helligkeit sollen sich ungeachtet der Flächengröße von 3500 m² mit Wohnzimmer-Charakter und Wohlfühl-Atmosphäre verbinden. Hierfür wurde das Haus mit denkmalgeschützter Fassade komplett entkernt, Wände geöffnet, über Fensterfronten und Lichteinbrüche Helligkeit geschaffen und die Raumhöhe von 2,80 auf 3,60 Meter vergrößert. Die offenen Decken verströmen jetzt industriellen Charakter, der die loftartige Anmutung unterstreicht. Durch das gesamte Haus zieht sich das Spiel mit Holzelementen und Spiegelflächen. In den Premium- und Event-Abteilungen kommen außerdem Fischgrätparkett, Terrazzo und Naturstein zum Einsatz. In den einzelnen Segmenten wurde mit unterschiedlichen Farben gearbeitet.

Auf Shops und klassische Rückwände wird komplett verzichtet. Alle Marken werden im Appelrath Cüpper-Style inszeniert: »Wir sind die Marke«, betont entsprechend der Inhaber, dem auch die österreichischen Formate Hämmerle und Kleider Bauer gehören. Wert wurde zudem auf zahlreiche Ruhezonen gelegt, die die Verweildauer erhöhen sollen. So gibt es vor den geräumigen, jeweils unterschiedlich gestalteten Umkleiden immer wieder Sessel und Sitzelemente. Nicht zuletzt wurde die gesamte Technik modernisiert. Der Umbau, der im November 2022 gestartet ist, wurde Etage für Etage durchgeführt. Lediglich die letzten sechs Wochen war das Geschäft geschlossen.

Entwickelt wurde das Konzept inhouse von Projektleiter Stefan Schlicher. »Denn wir wollen individuell und anders sein«, sagt Graf, der mehrere Millionen Euro in die Mannheimer Immobilie investiert hat. Das gelingt ihm durchaus auch im Sortiment, das sich neben vielen bekannten Namen durch den eigenständigen Mix unterscheidet. So finden sich im Erdgeschoss Kollektionen wie Marc O'Polo, Joop! Women und Hugo in direkter Nachbarschaft. Im angrenzenden Premium Casual-Bereich werden Labels wie Peuterey, Colmar, JNBY, Les Temps des Cerises und Bella Dahl gemischt. Im ersten Stock wird neu die Contemporary-Abteilung mit Linien wie Ba&sh, Mes Desmoiselles und Dondup etabliert. Sie geht über in den Premium-Bereich mit Linien von Marc Cain, Luisa Cerano und Riani bis zu Peserico, Hemisphere und Liviana Conti. Im zweiten Obergeschoss sind die Kompetenzabteilungen für Hosen und Strick sowie der festive Part untergebracht.

P5, 1–4, 68161 Mannheim | ERÖFFNUNG März 2023 | GRÖSSE 3500 m², vier Etagen | PROJEKTLEITER Stefan Schlicher | ARCHITEKTUR Inhouse | LADENBAU MX Holzdesign | LICHT Candus | FOTOS Appelrath Cüpper

TING ROOMS
FITTING R

BERSHKA, MAILAND

Mehr Service, mehr Interaktion, mehr Technologie: das will das neue Bershka-Flaggschiff bieten. Am Standort Mailand definiert die Inditex-Tochter den Retail der Zukunft für sich neu. Mit digitalen Touchpoints, Shopping Lounge und nachhaltigen Materialien im Ladenbau.

BERSHKAS RETAIL HUB

Die Pressevertreter, die auf die erste offizielle Tour durch den neuen Bershka-Store in Mailand warten, wirken auf den stolzen 1872 m^2 in der Galleria Vittorio Emanuele II fast ein wenig verloren. Nach aufwendigen Renovierungsarbeiten öffnet der weltweit größte Standort der Inditex-Tochter hier wieder seine Tore.

Unüblich für ein Projekt dieser Größenordnung: Der neue Ladenbau wurde exklusiv für Mailand erarbeitet, einen internationalen Rollout wird es nicht geben. Das spanische Unternehmen versteht die Fläche vielmehr als Test-Hub für neue Omnichannel-Ansätze. Außerdem als Paradebeispiel für den Inditex-Store der Zukunft. Für die Gestaltung wurde das Design-Studio OMA mit an Bord geholt.

Erster Blickfang ist der vollautomatisierte Click & Collect-Terminal mit auffälliger Polycarbonat-Struktur. Er reicht meterhoch in den Raum und ist so platziert, dass er eines der großen Schaufenster vollständig ausfüllt. Statt der neuesten Mode sehen die Galeriebesucher auf der anderen Seite der Scheibe also das schwarze Bedienpult und die Paketausgabe.

Diese Entscheidung unterstreicht die Bedeutung, die Bershka dem Service-Gedanken beimisst. Das Angebot an verschiedenen Tools wurde nicht nur

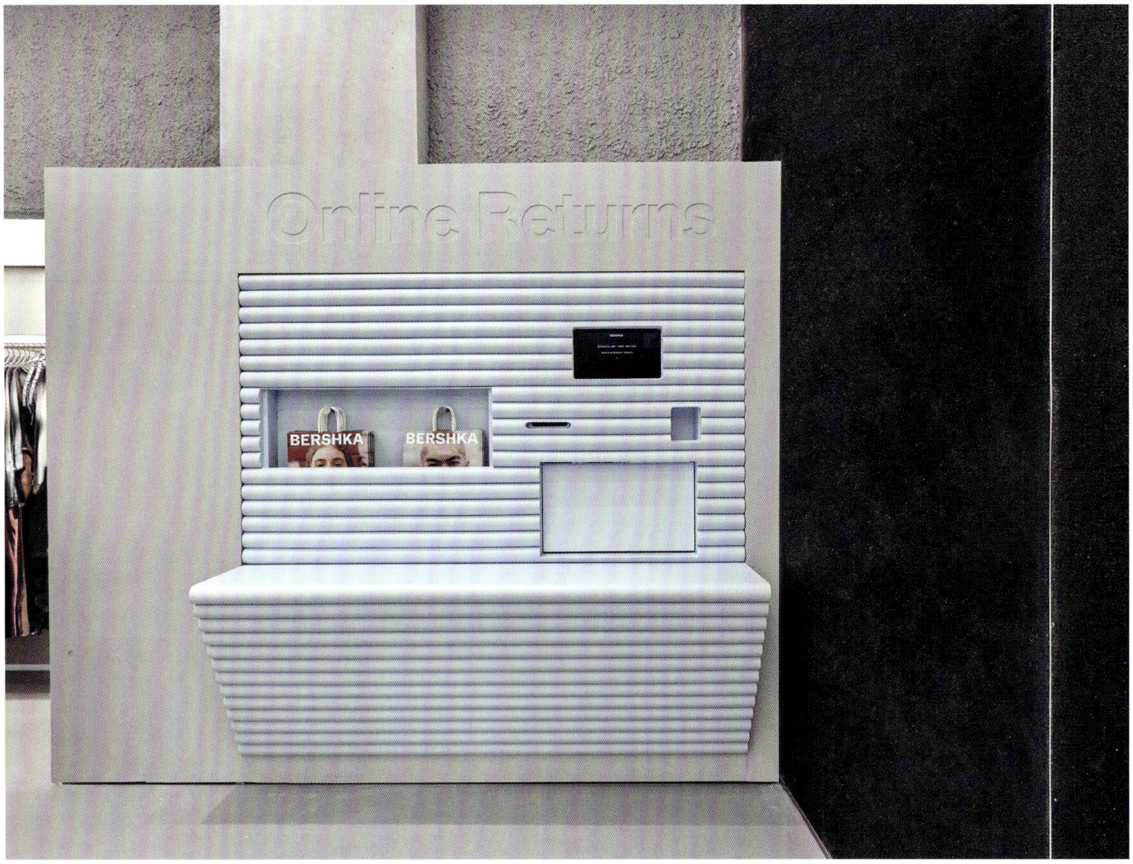
Online Returns
BERSHKA
BERSHKA

FITTING
LOUNGE
BERSHKA
PRENOTA LA TUA
VISITA
Tocca lo schermo
per iniziare

erweitert, sondern auch der Raum, den diese einnehmen, vergrößert. Ihr Anteil auf der Gesamtfläche liegt bei 15 Prozent. Jeder der Service-Bereiche wurde auffällig und abwechslungsreich gestaltet, mal im Industrial-Stil, mal futuristisch, mal mit organischen Elementen oder im Material-Mix.

Ohnehin spielen die verwendeten Bausubstanzen eine große Rolle. »Wir wollten innovative Rohstoffe verwenden, die zum Zeitgeist der Jugend passen. Daher haben wir zum Beispiel recyceltes Plastik mit Marmor-Look statt echten Marmors eingesetzt«, sagt OMA-Partnerin Ellen van Loon. Die Optik sei genauso edel, aber deutlich nachhaltiger. Tatsächlich fällt selbst von nahem erst auf den zweiten Blick auf, dass es sich bei der grünlich marmorierten Oberfläche nicht um echten Stein handelt.

Ebenfalls ein Highlight: die pinke Kasse aus Harz in Würfelform. In einem so modernen Store mit junger, technikaffiner Zielgruppe könnte man fast vermuten, eine klassische Kasse gehöre der Vergangenheit an. Doch van Loon ist sich sicher, dass sich mit Self-Check-outs allein nicht jeder Kundentyp glücklich machen ließe.

Die neuen Kabinen wurden auf Effizienz gedreht und verfügen über einen Ein- und Ausgang, um Gedränge zu vermeiden. Zudem wurden sie auf einen eigenen Floor verlegt, der wie eine Galerie gestaltet wurde. Darüber hinaus gibt es aber noch die sogenannte Shopping-Lounge mit großen Kabinen, in denen bis zu vier Leute gemeinsam Kleidung anprobieren können. 15-minütige Slots werden im Vorfeld vor Ort gebucht, langfristig soll das auch online möglich sein.

Über ein Interface in der Umkleide können die Konsumenten ihre ausgesuchten Teile scannen und erhalten Styling-Ideen sowie passende Produktvorschläge. Was gefällt, wird vom Personal in die Umkleide gebracht. Zudem gibt es die Option, in der Kabine Fotos und Videos mit exklusiven Filtern aufzunehmen, um nicht nur die Shopping-Begleitung, sondern gleich die gesamte Followerschaft am Bummel teilhaben zu lassen. Wem die Beleuchtung oder die Musik nicht zusagt, kann per Knopfdruck zwischen verschiedenen Playlists und Lichtstimmungen wählen, und die Atmosphäre im Raum nach Wunsch anpassen.

Technische Spielereien wie diese finden sich in Mailand an vielen Stellen. Ein Thema, an dem die Spanier aktuell darüber hinaus intensiv feilen, ist digitale Mode, für die hier sogar ein eigener Bereich geschaffen wurde. Die sogenannte phygital Collection besteht je Drop aus fünf Graphic-Shirts, für die eigene Instagram-Filter kreiert wurden. Aufgerufen werden sie über einen in die Prints integrierten QR-Code, über den etwa der aufgedruckte Gummibär auf dem Shirt zum Leben erweckt wird. »Eine unserer größten Stärken war es schon immer, Kundenwünsche zu erkennen und zu erfüllen«, heißt es von einem Unternehmenssprecher. Und die Verschmelzung von Mode und digitaler Lebenswelt sei für die junge Zielgruppe ein hochrelevantes Thema.

Corso Vittorio Emanuele II, 22, 20122 Mailand, Italien | ERÖFFNUNG September 2023 | GRÖSSE 1872 m² | ARCHITEKTUR, LADENBAU & LICHT OMA / Bershka | FOTOS Bershka / Marco Cappelletti

BOSS

FREY, CHAM

Vier Jahre lang konnte Helmut Hagner von der Terrasse im zweiten Stock des Modehauses Frey auf die ehemalige Filiale von K+L blicken. Vier Jahre lang passierte – nichts. Bis sich der Frey-Unternehmensleiter gemeinsam mit Inhaberin Caroline Frey dazu entschloss, das Haus an der Ecke zu übernehmen und dadurch auch Veränderungen im Haupthaus auslöste.

NEUE **FREY-RÄUME**

2000 m² zusätzliche Fläche, verteilt auf drei Etagen, 50 Meter vom Haupthaus entfernt. Vier Jahre lang stand diese Fläche, schräg gegenüber vom Haupthaus, in der Nachbarschaft vom Modehaus Frey in Cham leer. Im Frühjahr 2023 erweckten Geschäftsführer Helmut Hagner und Inhaberin Caroline Frey sie dann zu neuem Leben, indem einige Sortimentsbereiche aus dem Haupthaus auf die gegenüberliegende Straßenseite wanderten. Im Erdgeschoss des »Frey Stores« finden so jetzt neben dem S. Oliver-Franchise-Store die Mainstream-Fläche mit Street One, Cecil, Zero, Cartoon und Esprit Platz. In der ersten Etage wurde in Zusammenarbeit mit der Beratungsagentur BC Consulting und dem Ladenbauer Holzakzente eine neue Wäschefläche geschaffen. »Limitless« nennt Ladenbauer Matthias Schäfer sein Konzept, das auf Ecken und Kanten verzichtet und auf organische Strukturen setzt. Helle Farben in Kombination mit dezenten Holztönen sollen Leichtigkeit verleihen und für eine Wohlfühlatmosphäre sorgen.

Kernstück der Fläche ist ein Rondell, das sogenannte Karussell, auf der NOS-Ware an Büsten präsentiert wird. Die Ware ist dezent in Holzschubladen darunter untergebracht, die Warenträger, an denen die BHs hängen, werden hinter einer Tür aus grauem Lochmetall versteckt. Um das NOS-Karussell herum sind die einzelnen Wäschelabels platziert, allerdings alle im Dachmarken-Konzept von Frey. Im Inneren des Karussells gibt es zwei großzügige Umkleidekabinen, die durch eine Schiebetür getrennt sind. Bei Bedarf können sie zu einer Kabine vergrößert werden. Auch in der Wäscheabteilung gibt es eine Private-Shopping-Lounge. Ein Konzept, an das Unternehmensleiter Helmut Hagner fest glaubt und das mittlerweile nach seinen Angaben rund 12 Prozent zum Umsatz beiträgt.

Neben der Wäscheabteilung und den Mainstream-Marken ist auch die Kindermodeabteilung in »Frey Stores« umgezogen. Highlight für die Kids dürfte das kleine Kino auf der Fläche sein. Dafür hat Frey eine Reihe historischer Kinositze aus Holz installiert, kleine Lautsprecherkugeln hängen über ihnen von der Decke für Sound und Deko. Und dank der Split-Level-Architektur des Hauses können Eltern ihre Kinder im Blick behalten, während sie in Ruhe Wäsche kaufen.

Das neue Haus zog auch Änderungen im Haupthaus von Frey nach sich. Die durch die Verlagerung der KOB und Wäsche frei gewordene Fläche wurde der Männermode zugeschlagen. Die Fläche verdoppelte sich fast: Statt 800 m² bespielt die HAKA jetzt 1500 m². Mit der Vergrößerung ging ein Trading-up des Sortiments einher. Neu aufgenommen wurden etwa Lacoste, Joop!, Boss Black, Boss sowie Floris van Bommel. Zur Herbstsaison kamen noch Woolrich und Ralph Lauren dazu. Bislang habe schlicht der Platz gefehlt, um ein Premiumsortiment wie dieses zu inszenieren, heißt es von Frey. Dementsprechend wurde zwischen Januar und April 2023 die Fläche umgestaltet. Betonoptik und offene Decke, ein Spachtelboden auf Zementbasis prägen den Industrial Look mit einem Mix aus Metall und Beton (Ladenbau Schleifenbaum). Zwei großzügige Private-Shopping-Lounges, von denen man schnell auf den Balkon mit großartiger Aussicht über Cham gelangt, wurden ebenfalls eingeplant. Von dort lässt sich jetzt auch ein Blick auf den neuen Store werfen.

Frey Stores (Wäsche und KOB), Fuhrmannstr. 21 / HAKA-Etage im Haupthaus, Marktplatz 11, 93413 Cham | ERÖFFNUNG Februar 2023 (Frey Stores) / April 2023 (HAKA) | GRÖSSE 680 m² (Frey Stores) / 1500 m², zwei Etagen (HAKA) | ARCHITEKTUR & LADENBAU Holzakzente | Bodywear Consulting (Frey Stores) / Schleifenbaum Design & Project (HAKA) | LICHT Schleifenbaum Design & Project (Frey Stores / HAKA) | FOTOS Mathias Frey GmbH & Co. KG (Frey Stores / HAKA)

DOROTHEE
SCHUMACHER
CHRISTIAN DIOR

L&T PREMIUM-ABTEILUNG, OSNABRÜCK

Nach siebeneinhalb Monaten Umbauzeit erstrahlt die neue Premium-Abteilung bei L&T in Osnabrück in neuem Glanz. Boden, Decke, Wand, Licht und Ladenbau wurden neugestaltet. Besonderes Highlight auf der neuen Fläche: grüne Felsen.

PREMIUM RELOADED

Von Ende Januar bis Mitte September dauerten die umfangreichen Bauarbeiten der 1475 m² großen Fläche im ersten Obergeschoss bei Lengermann & Trieschmann in Osnabrück. Herausgekommen ist eine komplett neu gestaltete und top modernisierte Premium-Abteilung mit neuer Wegeführung, neuen Kabinen und Neupositionierung zum Lichthof.

Das neue Design, das von der Kunze Gruppe mit Sitz in Elmshorn geplant und umgesetzt wurde, setzt auf eine neue Raumaufteilung mit Lounges und Sitzbereichen, die für längere Verweildauer und Wohlfühlatmosphäre sorgen soll. Auch die Kabinen haben ein komplettes Make-over erhalten. Sie sind nun großzügiger und geräumiger und mit Vorraum in den Kabinenanlagen am Lichthof versehen. Außerdem wurden sie mit hochwertigen Teppichen von JAB Anstoetz und grünen Samtvorhängen gestaltet.

Die Farbe Grün ist auf der ganzen Fläche ein wiederkehrendes Element. Sie findet sich in Stoffbezügen, Vorhängen und den »grünen Felsen« – neues Deko-Highlight in der Premium-Abteilung. Verarbeitet wurden hochwertige Materialien. So ist der Boden Echtholz-Eichenparkett, das im Fischgrätmuster verlegt wurde. Hinzu kommt eingelassener Travertin-Naturstein, eingefasst mit Messingprofilen. Bei der Gestaltung der Wände wurden Travertin und eingefärbter Putz mit lackierten Holzoberflächen kombiniert.

Bei den Warenträgern und Tischen wurden Messingoberflächen und brüniertes Messing sowie Rundstahl und Mineralwerkstoff verarbeitet. Indirektes Licht kommt unter anderem in Form von Lichtvouten in der Decke.

Darüber hinaus wurden die Warenrückwände neu positioniert und zur besseren Orientierung der Kunden schräggestellt. Insgesamt zeichnet sich das neue Design durch eine weiche, abgerundete Formensprache aus – von der Wandausbildung bis zu den abgerundeten Warenträgern. Während des Umbaus wurde auch die Haustechnik rundum erneuert. Die Lagerflächen wurden zudem an die Verkaufsfläche angebunden.

Und nach dem Umbau ist vor dem Umbau: Das nächste Projekt ist schon in der Pipeline: Der Bereich Damen Outdoor/Kleider wird neugestaltet.

Große Straße 27–32, 49074 Osnabrück | ERÖFFNUNG September 2023 | GRÖSSE 1475 m² | ARCHITEKTUR & LADENBAU Kunze | LICHT Rühle | FOTOS Joachim Grothus

TREATS

KITH, MIAMI

Sneaker-Experte Ronnie Fieg und sein Unternehmen kreieren einen Hype nach dem nächsten. Nicht nur mit neuen und überraschenden Kooperationen, sondern immer wieder auch mit ihren Stores. Wie dem neuen Flagship-Store in Miami im Herzen des beliebten Design Districts.

WELCOME TO MIAMI

Inmitten moderner Architektur, zwischen Kunstgalerien, Luxusmode, Cafés und Restaurants von Starköchen hat Kith eröffnet: Es ist der erste Store mit Kith for Sadelle-Restaurant und einem eigenständigen Kith Treats-Geschäft.

Das Store-Konzept stammt aus der Feder von Gründer und Kreativdirektor Ronnie Fieg. Es soll sowohl die charakteristischen Store-Elemente von Kith als auch die typischen Charakteristiken des neuen Standortes im Design-District Miamis widerspiegeln. So treffen beispielsweise die für das Unternehmen typischen neutralen Farben in den Räumen auf kräftige Grüntöne – sie sollen für die natürliche Schönheit Miamis stehen. Für die Fußböden wurden verschiedene Marmore verwendet, wie etwa Rosa Perlino, Perlato Royal und Carrara-Marmor, und mit gewelltem, geriffeltem Putz, Birkenholz, Messing und Gips kombiniert.

Der Store, der auf zwei Etagen Menswear, Womenswear und Kidswear sowie Accessoires und Sneaker anbietet, wird durch kreisförmige Strukturen definiert, die die einzelnen Abteilungen voneinander trennen. Im hinteren Teil befindet sich der Umkleidebereich. Von einem langen Gang mit Wand- und Deckenvertäfelung aus Birkenholz gehen die Umkleidekabinen ab.

Der Laden ist hell und großzügig. Vom Boden bis zur Decke reichende Fenster sorgen für viel natürliches Licht. Vom Erdgeschoss führt eine breite Treppe mit weißen Stufen in den ersten Stock. Dort findet sich das Sortiment an Footwear. Der große, helle Raum wird von Wänden bespannt mit Rippenstoff umgeben, die für Wärme stehen sollen und damit einen Kontrast zu dem ansonsten minimalistischen Design bilden.

Von der Schuhfläche geht es über einen schmalen Flur zum Sadelle's at Kith, ein renommiertes New Yorker Restaurant der Major Food Group im Design District, mit dem der Retailer gemeinsame Sache macht. Weiß gewaschene Eschenwände mit Bilderrahmenleisten geben hier den Ton an – sie treffen auf einen schachbrettartigen Boden, eine geriffelte mintgrüne Theke und eine geriffelte Kopfleiste aus Carrara-Marmor. Serviert werden typische Gerichte des Restaurants.

Darüber hinaus gibt es an dem neuen Standort den ersten permanenten und eigenständigen Kith Treats-Außenposten der Marke. Die Müslibar liegt direkt gegenüber vom neuen Laden. Eine kreisförmige Bar aus Rosa Portugalo-Marmor bildet den Mittelpunkt des Raums, der von Barhockern aus Carrara-Marmor und Edelstahlakzenten eingerahmt wird. An der Wand: Müslibehälter mit Kreationen von Staff und Friends.

69 NE 41st Street, Miami, Florida 33137, USA | ERÖFFNUNG Februar 2023 | GRÖSSE keine Angabe | ARCHITEKTUR Ronnie Fieg | LADENBAU & LICHT keine Angaben | FOTOS Kith

Paul Costelloe
Living

CAFÉ SOL
love
coffee

DUNNES, DUBLIN

Dunnes zählt zu den größten und traditionsreichen Retailern Irlands. Fast jedes Kind ist mit einer Dunnes-Filiale vor Ort aufgewachsen. Jetzt arbeitet das verschwiegene, von drei Frauen geführte Unternehmen an einem Fresh-up seiner Flächen in den weit mehr als 100 Stores auf der Insel.

SHOPPING EXPERIENCE AUF IRISCH

So bekannt wie verschwiegen ist der irische Einzelhändler Dunnes. Es gibt wohl kaum eine Stadt auf der Insel ohne eine Filiale des 1944 gegründeten Unternehmens. 134 sind es laut Unternehmensangaben insgesamt, fast alle davon in der Republik Irland. Dunnes ist damit der Nahversorger für Textilien und Lebensmittel schlechthin und einer der größten Retailer Irlands. Gute Qualität zu erschwinglichen Preisen ist bis heute das Leitmotiv in allen angebotenen Sortimenten von Fashion über Food bis zu Home-Artikeln. Im Bereich Mode bietet Dunnes neben den inhouse-Labels Savida, Centered und Gallery auch exklusive Kollektionen mit irischen Designern wie Paul Costelloe und Carolyn Donnelly.

So groß die Marktbedeutung – im Lebensmittelhandel ist Dunnes führend –, so wenig weiß man über die Menschen an der Spitze des in Cork von Ben Dunne als Bekleidungsgeschäft gegründeten Unternehmens. Nur so viel: Seit 1992 führt Dunnes Tochter Margaret Heffernan die Geschäfte als »unlimited Company«, die somit nicht veröffentlichungspflichtig ist. Die 1942 geborene Heffernan zählt zu den bedeutendsten weiblichen CEOs in Irland, seit einigen Jahren gehören zu ihrem Führungsteam zudem ihre Tochter Anne Heffernan und ihre Nichte Sharon McMahon.

Seit ihrem Einstieg vor gut 30 Jahren hat Margaret Heffernan das Unternehmen peu à peu einem Trading-up unterzogen. Bei der Neukonzipierung der Flächen arbeitet sie seit mehr als zehn Jahren mit dem Ladenbauunternehmen Schweitzer zusammen. Zuletzt wurde die Dunnes-Filiale in der Henry Street, eine der Haupteinkaufsstraßen Dublins, umgebaut. Die Aufgabenstellung für die Ladenbauer war es, ein Konzept zu entwickeln, das nicht nur mehr Menschen in den Store bringt, sondern auch deren Verweildauer erhöht.

Die Antwort darauf ist ein Zusammenspiel von Dienstleistungen, Gastronomie, Lebensmitteln und dem Dunnes-Sortiment, bestehend aus Marken und Eigenmarken. In jeder der Abteilungen auf fünf Etagen ergänzen passende Dienstleistungen wie etwa ein Beauty Salon in der Lingerie-Abteilung oder ein Kids Garden in der Kinderabteilung das Angebot. Neu ist auch, dass sich das Visual Merchandising weniger an Marken und Produktfamilien als an Saison- und Trendthemen orientiert und Modetrends um passende Beauty und Home-Produkte ergänzt werden. Um die Orientierung auf der Großfläche zu erleichtern, wird zudem mit starken Akzentfarben, Lightboxen und grafischen Elementen gearbeitet. Ein Free-Flow Restaurant mit Terrasse im Obergeschoss und das Café Sol im Erdgeschoss sollen die Shopping Experience komplettieren.

48–50 Henry St, Dublin 1, Co. Dublin, D01 PT3, Irland | ERÖFFNUNG August 2023 | GRÖSSE 6600 m² | ARCHITEKTUR & LADENBAU Schweitzer | LICHT Imoon | FOTOS Daniel Horn

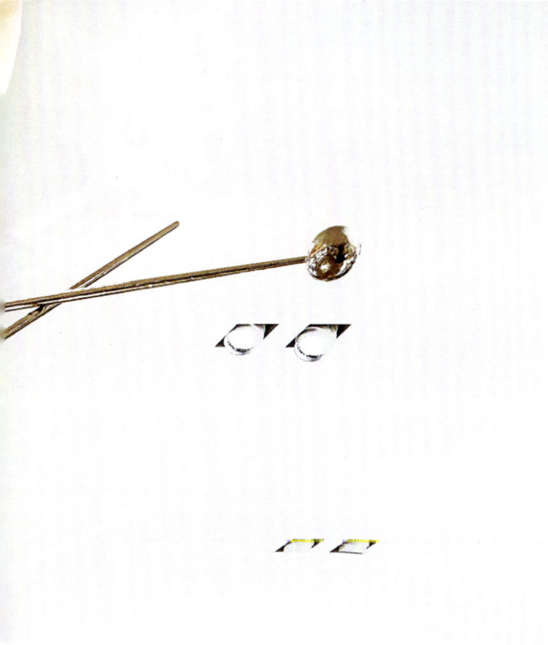

TIFFANY & CO., NEW YORK

Mit der Wiedereröffnung des neu gestalteten Flagship-Stores in der Fifth Avenue schlägt Tiffany & Co. ein neues Kapitel in seiner Geschichte auf. Mit einer Größe von mehr als 10.000 m² auf insgesamt zehn Etagen ist er nicht nur einer der größten Stores in Manhattan, sondern auch das größte Haus der ikonischen Luxusschmuck-Marke: »The Landmark« setzt neue Maßstäbe.

NEUE ÄRA FÜR EINE LEGENDE

Der Tiffany Flagship-Store in New York ist eine Institution. Schon in den 1960er-Jahren spielte das Flaggschiff im weltbekannten Film »Breakfast at Tiffany's« eine Hauptrolle. Heute, und etwa 60 Jahre später, erstrahlt die 1940 eröffnete Adresse nach dem ersten Komplettumbau überhaupt in neuem Glanz. Vier Jahre haben die umfassenden Bauarbeiten gedauert. Tiffany bezeichnet das Ergebnis als »The Landmark« und setzt damit neue Maßstäbe. Schon die Größe ist ein Statement: Mit insgesamt zehn Etagen ist er einer der größten Stores in Manhattan. Hinzu kommt ein exklusives Sortiment: Der Store bietet die größte High Jewelry-Kollektion von Tiffany weltweit, einschließlich des legendären 128,54 Karat Diamanten.

»Die Wiedereröffnung des ikonischen Wahrzeichens an der Fifth Avenue ist ein wichtiger Meilenstein für unser Haus. Als Symbol einer neuen Ära für Tiffany & Co. ist The Landmark weit mehr als ein Juweliergeschäft – es ist ein kultureller Mittelpunkt, der auf exquisite Art und Weise Architektur und überragende Gastlichkeit sowie wegweisende Kunst und Designs zur Schau stellt. The Landmark setzt auf globaler Ebene neue Maßstäbe für den Luxushandel«, so Anthony Ledru, Präsident und Chief Executive Officer von Tiffany & Co, die seit 2019 zu LVMH gehören.

Dieser Anspruch spiegelt sich auch in der Gestaltung des Flagships wider. Erhalten blieb lediglich die Fassade mit der Atlas-Statue samt Uhr über den Drehtüren. Sie wurde aufwendig renoviert, während die Innenräume komplett neu gestaltet wurden. Dafür holte sich der US-Schmuckhändler zwei Experten an Bord: Peter Marino sorgte für die Innenarchitektur. OMA New York, unter der Leitung von Architekt Shohei Shigematsu, war für die Renovierung des Gebäudekerns, die Wegeführung und die neue dreistöckige Ergänzung auf dem bestehenden Gebäude verantwortlich. Der von OMA/Shohei Shigematsu realisierte Dachanbau ersetzt nun die ehemaligen Büroräume.

Man betritt den Store und gelangt in ein großzügig gestaltetes Erdgeschoss mit Schmuckvitrinen. An der Decke: ein Oberlicht, das sich fast über die gesamte Länge des Raumes erstreckt. Das Besondere: Das in Facetten geschliffene Glas erinnert an Diamanten. Ebenfalls im Erdgeschoss: Screens, die Szenerien von New York City mit Central Park und Skyline von Manhattan zeigen, wenn sie eingeschaltet sind. Sind sie ausgeschaltet, fungieren sie als Spiegel.

Auf allen Etagen finden sich Kunstwerke – insgesamt 40 –, darunter noch nie zuvor gezeigte Auftragsarbeiten von Tiffany und Werke von renommierten Künstlern wie Damien Hirst, Julian Schnabel, Rashid Johnson, Anna Weyant und Daniel Arsham.

Gegensätzliche Elemente sind Pfeiler der Gestaltung: alt und neu, Vergangenheit und Zukunft, verborgene und enthüllte Schätze. Der Holzparkettboden im gesamten Gebäude greift das ursprüngliche Design und die Muster der Inneneinrichtung aus den 1940er-Jahren auf. Das Herzstück des neuen Flagships ist die skulpturale Wendeltreppe mit wellenförmigen, transparenten Balustraden und Bergkristalldetails. Sie sind von Elsa Perettis Designs inspiriert. Das Treppenhaus verbindet die Etagen drei bis acht, während die Aufzüge den Zugang zu jeder Etage ermöglichen.

Auch Gastronomie ist Teil des Konzepts. Das Blue Box Cafe von Daniel Boulud interpretiert das berühmte Gourmet-Erlebnis von Breakfast at Tiffany's neu. Boulud kreierte dazu ein saisonal inspiriertes Tagesmenü, das Frühstück und Nachmittagstee einschließt. Der neu gestaltete Raum umfasst einen privaten Dining Room und eine Bar mit Kunstinstallationen. Spezielle Museums- und Ausstellungsräume auf den Etagen acht und neun werden für wechselnde Events genutzt.

57th Street / Fifth Avenue, 10022 New York, USA | ERÖFFNUNG April 2023 | GRÖSSE 10.219 m², zehn Etagen | ARCHITEKTUR Peter Marino reimagined the interior architecture; OMA led by Shohei Shigematsu preserved the historical facade and added the new rooftop | LADENBAU & LICHT keine Angaben | FOTOS Courtesy of Tiffany & Co.

Echter

MODEHAUS ECHTER, MURNAU

Vier Monate hat das traditionsreiche Modehaus Echter im beschaulichen oberbayerischen Murnau umgebaut. Herausgekommen ist ein modernes Einkaufserlebnis für die ganze Familie. Für das gestalterische Konzept ließen sich die Innenarchitekten von Blocher Partners von der Schönheit der Umgebung inspirieren.

DAHEIM IM **BLAUEN LAND**

Kleine Gassen, bunte Fassaden, Boutiquen und Modehäuser, Juweliere und Geschenkelädchen, dazwischen Cafés, Restaurants und urige Wirtshäuser – Murnau am Staffelsee im Landkreis Garmisch-Partenkirchen ist ein beschaulicher, lebendiger Ort. Und mittendrin: Modehaus Echter mit 3200 m² Fläche verteilt auf vier Etagen und gänzlich neuem Look.

Inspiration für das neue Store-Konzept fanden die Innenarchitekten in der Natur rund um Murnau. Mit viel Holz und einem entsprechenden Farbkonzept orientiert sich die Designsprache an der Region »Das Blaue Land«, die schon berühmte Künstler wie Wassily Kandinsky verzauberte und ihren Namen der Künstlervereinigung des Blauen Reiters verdankt.

Um eine großzügige, einladende Atmosphäre zu schaffen, wurden die Decken und die bisher geschlossene Fensterfront geöffnet. Auch die farbigen Fassaden der umliegenden Gebäude entlang der Flaniermeile in der Altstadt von Murnau wurden in die Innenarchitektur integriert.

Knallige Farben wurden mit dem Ziel eingesetzt, nicht ideal erschlossene Flächen zu reaktivieren. Sie überspielen den Übergang von Alt- und Neubau und stärken die optische Verbindung der beiden Bereiche. Raffinierte Lichtinstallationen setzen darüber hinaus die bisher abgehängten Flächen des Altbaus neu in Szene und beleben sie dadurch.

Eine zentrale Treppe führt in die verschiedenen Etagen. Sie wird im zweiten Obergeschoss von einer Lichtkuppel gekrönt, die die ganze Gebäudestruktur aus dem Kern heraus mit Tageslicht versorgt. Ebenfalls ein Hingucker: Die Umkleiden. Sie sind mit Tapetenmotiven aus dem Umland und Zusammenschnitten aus 120 Jahren Echter Werbe-Historie gestaltet.

Neu sind auch die Marktplatzflächen, eine gestalterische Neuinterpretation der bisherigen Kompetenzflächen in den Stammabteilungen, für die Echter mit Anbietern wie Marc O'Polo, Mac, Cambio, Brax, Replay, Opus, Someday und Fuchs Schmitt zusammenarbeitet. Diese Flächen setzen sich optisch durch Bodenflächen mit Teppichbelag und einer besonderen Deckenkonstruktion aus Holz von der übrigen Fläche ab und sorgen für Abwechselung und Überraschung.

Der Umbau wurde während des laufenden Betriebes umgesetzt. Dafür lagerte man in einem ersten Schritt die Kinderabteilung aus, so dass das Untergeschoss als Puffer während der Arbeiten genutzt werden konnte.

Die Neugestaltung startete in der Herrenabteilung im 2. Obergeschoss, während die drei verbliebenen Etagen wie gewohnt bespielt wurden. So ging Echter Etage für Etage vor. Neben den Verkaufsflächen wurden auch die Räume für Mitarbeiter und Schulungen modernisiert und die Haustechnik mit einer Solaranlage aufgerüstet.

Obermarkt 2–4, 82418 Murnau | ERÖFFNUNG September 2023 | GRÖSSE 3.200 m², vier Etagen | ARCHITEKTUR Blocher Partners | LADENBAU Knoblauch | LICHT Koloss Bau | FOTOS Joachim Grothus für Blocher Partners

ALHAMBRA
APROPOS
APROPOS

Die Ankündigung im vergangenen Jahr schlug hohe Wellen in der Branche. Das Interesse war riesig. Nun sind die Apropos-Gründer Klaus Ritzenhöfer und Daniel Riedo sowie Managing Partner Henning Korb mit ihrem neuesten und damit zehnten Ableger in der deutschen Hauptstadt gelandet.

EIN SCHUSS DÜSSELDORF IN BERLIN

Im Alhambra Berlin, am vorderen Teil des Ku'damms, hat die neueste Dependance von Apropos The Concept Store eine Heimat gefunden. Das einstige Lichtspielhaus, das 1922 nach den Plänen des Architekten Max Bischoff erbaut worden und danach Uraufführungsstätte des weltweit ersten Tonfilms war, wurde erst im Jahre 2020 wiederentdeckt und durch einen vollständigen Umbau zu neuem Leben erweckt.

Blickfang ist die Stuckfassade mit Pilaster- und Halbsäulenelementen, die detailgetreu und in den historischen Proportionen wiederaufgebaut wurde. Polierte Holzsprossenfenster und Kuppelmarkisen erinnern in ihrem Stil an die Gründerzeit.

Nicht nur die revitalisierte Fassade des Gebäudes mit ihren Stuckelementen in den unteren und einer Glas-Vorhangfassade in den oberen Geschossen vereinen gekonnt Vergangenes und Gegenwärtiges, auch das Interior Design der Store-Fläche spielt mit subtilen Referenzen an die 20er Jahre. Es wurden vier räumliche Identitäten entwickelt, die sich in Atmosphäre und Raumproportion unterscheiden. Minimalistisch gehaltene Oberflächen sollen für eine einheitliche und wiedererkennbare Designsprache sorgen.

Hinzu kommen Kontraste. So treffen grafisch gemaserte Wandbeläge aus türkischem Marmor auf angefertigte großformatige Bodenplatten aus Beton. Wandvertäfelungen aus geseiftem Eichenholz werden mit maßgefertigten Regalen aus satiniertem Messing, und französisches Fischgrätparkett wird mit Vorhangstoffen von Dedar und Pierre Frey kombiniert. Ausgewählte Materialien und Objekte von Vintage-Lieferanten aus Italien und Frankreich sowie Möbel von Pierre Frey runden das Gesamtkonzept des neuen Apropos-Stores ab. Vier großformatige Schaufensterfronten laden Kunden zum Entdecken der inszenierten Warenwelten ein.

Zum Auftakt gab es eine Kooperation mit Giorgio Armani: In einer Installation wurden Exponate aus dem Mailänder Armani/Silos-Museum gezeigt, die teilweise bis in die 80er Jahre zurückreichen. Parallel macht Apropos deutlich, was das eigene Konzept ausmacht, wie man sich differenzieren und profilieren will im Umfeld bekannter internationaler Mono-Marken-Stores. Nämlich mit einem Mix aus Mode, Wohnaccessoires und Beauty, in fein kuratiertem Zusammenspiel großer und kleiner, bekannter und noch zu entdeckender Brands und Labels – Balenciaga und Khaite, Gucci und Santaniello.

In Berlin begibt sich Apropos auf neues Terrain und hinein in einen neuen Wettbewerb. Zur Perlenkette der am Kurfürstendamm aufgereihten Designer-Stores kommen individuelle Formate mit starker eigener Community, etwa Andreas Murkudis, Mientus, Voo Store oder The Square. Nicht zu reden von der wachsenden Luxus-Ambition des KaDeWe. Die Apropos-Macher ficht das nicht an, im Gegenteil. Man sei gekommen, um in der Metropole eine wesentliche Rolle zu spielen bei der Entstehung »eines komplett neuen Konsumverhaltens – zum Vorteil für unser Spezialgebiet, den Luxus«.

Kurfürstendamm 68, 10707 Berlin | ERÖFFNUNG Juli 2023 | GRÖSSE 870 m²/Erdgeschoss mit innenliegendem Mezzanin (zwei Ebenen) | ARCHITEKTUR Wertconcept Investment Group | LADENBAU Apropos The Concept Store und Unzen | LICHT Unzen | FOTOS Annika Feuss für Apropos

DESIGN YOUR OWN
UT T-SHIRT!
Transport for London
Ever wanted to make a one-of-a-kind T-Shirt?
HOW TO ORDER UTme!
DESIGN YOUR OWN
UT T-SHIRT!

UNI
QLO
Theory

Theory

UNIQLO AND THEORY, LONDON

Uniqlo und Theory machen gemeinsame Sache. Ihr Ziel: die junge Zielgruppe. Dafür bringen die Schwestermarken der japanischen Fast Retailing Group ein neues, gemeinschaftliches Konzept auf die Fläche, bei dem die Kunden und Kundinnen aktiv werden können.

CUSTOMIZING UND CAFÉ, **RECYCLING UND REPAIR**

Premiere feierte das erlebnisorientierte Konzept im neuen Store im Covent Garden in London. Mit rund 1450 m², die sich auf drei Etagen verteilen, und einem Sortiment mit Fokus auf Streetwear, Accessoires und T-Shirts mit Archivdrucken sowie Kooperationsdesign zielt das Unternehmen auf ein deutlich jüngeres und lokaleres Publikum.

Der Store in Long Acre 19 bis 21 befindet sich in einem viktorianischen, denkmalgeschützten Kutscherhaus. Uniqlo hat die ursprüngliche Architektur entsprechend bewahrt und ein zentrales Atrium mit offenem Innenhof und einer eindrucksvollen Treppe geschaffen, die den Uniqlo-Bereich von dem der Schwestermarke Theory trennt.

An dem neuen Standort bietet Uniqlo eine Reihe erlebnisorientierter Angebote für Kunden. Entsprechend kommen Konzepte der Marke wie Re.Uniqlo Studio und UT.me auf die Fläche. Und auch das erste Café der Marke in Großbritannien. Diese Bereiche befinden sich im zweiten Stock der Location. Neben dem Café, in dem japanisch inspirierte Erfrischungen serviert werden, befindet sich das Re.Uniqlo Studio, in dem die Kunden ihre Lieblingsartikel der Marke recyceln, reparieren oder neu gestalten können. Das Thema Personalisierung und Customizing findet auf der UT.me Station seine Umsetzung.

UT, das T-Shirt-Label von Uniqlo, feiert sein 20-jähriges Bestehen mit neuen und archivierten Designs, die nun ganz nach persönlichen Vorlieben auf T-Shirts gebracht werden können. Darüber hinaus gibt es auch für die Stadt typische Motive aus einer Partnerschaft mit Transport for London (TfL), z. B. wie einen U-Bahn-Plan oder von historischen Plakaten inspirierte Designs.

Theory bespielt eine 113 m² große Fläche innerhalb des Stores. Es ist der insgesamt vierte Standort der Marke in Großbritannien. Dinesh Tandon, Global CEO von Theory: »Diese Eröffnung ist ein wichtiger Schritt in der Fortsetzung der Expansionspläne von Theory in Europa. Wir freuen uns darauf, unseren Kunden in Covent Garden eine gehobene Herren- und Damengarderobe anbieten zu können und unsere Markenpräsenz in London zu stärken.«

19–21 Long Acre, London WC2E 9LZ, Großbritannien | ERÖFFNUNG April 2023 | GRÖSSE 1450 m², drei Etagen | ARCHITEKTUR, LADENBAU & LICHT keine Angaben | FOTOS Kalory Photo & Video

GANT, STOCKHOLM

Die schwedische Modemarke hat in der Heimatstadt Stockholm ein wegweisendes Flaggschiff auf 580 m² eröffnet. Das Design wurde mit dem für seine außergewöhnliche Retail-Architektur bekannten New Yorker Designbüro Snarkitecture entwickelt. Die traditionellen Elemente der Gant-Heritage werden geschickt mit innovativen architektonischen Elementen verknüpft.

GANTS HAUS **FÜR DIE ZUKUNFT**

Gant schlägt in Stockholm ein neues Kapitel seiner Geschichte auf und untermauert dies mit einem wegweisenden neuen Store. Viel dunkles Holz, Messing und edles Fischgrätparkett stehen dabei für das Erbe von Gant, das über die überraschenden Formen und mit modernen Materialien wie Terrazzo, Steinfliesen und Putz in eine neue Zukunft überführt wird. »Der Flagship-Store ist der Höhepunkt und die Krönung der Markenverjüngung von Gant, die wir in den letzten drei Jahren mit der Neupositionierung der Marke unternommen haben«, sagt Eleonore Säll, EVP of Global Brand bei Gant.

Das Geschäft über drei Etagen befindet sich in einem historischen Haus in der Birger Jarlsgatan 15, mitten in Stockholms Einkaufsviertel in Östermalm. Blickfang ist

eine geschwungene Treppe mit Messinggeländer, die sich wie eine Schlange durch die drei Etagen windet.

Diese Schwünge sind auch Gestaltungselemente in anderen Bereichen. So wechseln sich am Boden unterschiedliche Bodenbeläge ab – vom blauen Teppich bis hin zu verschiedenen Parkettarten – immer mit geschwungenen Übergängen. Auch die einzelnen Räume sind durch abgerundete Durchbrüche, verkleidet mit dunklem Holz, verbunden. »Das Aufeinandertreffen der klaren Ästhetik von Snarkitecture mit der von der Ivy League inspirierten Tradition von Gant hat zu etwas völlig Neuem beigetragen«, sagt Christopher Bastin, Kreativdirektor von Gant.

Viel Licht kommt durch die historischen Bogenfenster herein, zusätzlich wurde der Raum nach oben geöffnet und um ein Zwischengeschoss ergänzt. So ergibt sich im Vorraum ein sehr lichter, offener Eingangsbereich mit Blick auf die davorliegende Einkaufsstraße.

Der Stockholmer Store ist neben dem Flaggschiff in New York auch das Zuhause des Gant Studios, »einem multifunktionalen Raum, der als kreatives Zentrum dient«, heißt es. Zukünftig soll es dort Ausstellungen, Podiumsdiskussionen oder inspirierende Markenaktivierungen für die Gant-Community geben. Deswegen war es den Gant-Machern wie den Architekten von Snarkitecture auch besonders wichtig, dass der Ort nicht nur als Laden dient, sondern auch als Treffpunkt und Aufenthaltsraum, der mit gedämpftem Licht und weichen Materialien ein Gefühl von Zuhause und Behaglichkeit vermitteln soll. »Wir haben den Stockholmer Flagship-Store als Haus für die Zukunft von Gant umgestaltet und dabei die Vision von Komfort und Vertrautheit eines sorgfältig durchdachten und geliebten Hauses verfolgt«, sagt Alex Mustonen, Mitbegründer von Snarkitecture.

Birger Jarlsgatan 15, 11145 Stockholm, Schweden | ERÖFFNUNG Mai 2023 | GRÖSSE 580 m², zwei Etagen | ARCHITEKTUR Snarkitecture | LADENBAU KS Projects | LICHT Zumtobel | FOTOS Gant

WIE NEU
NUR WEIT GEREIST
RE:PAIR
ABENTEUER ZUM AUS-LEIHEN
RE:THINK
DU HAST DIE WAHL: EINE GRÜNERE WAHL
GRÜNER UNTERWEGS

SCHUHE
WANDERN

KASSE
RE:CYCLE
GLOBETROTTER
AUSWERTUNG FOLGT!
GLOBETROTTER STUTTGART

WILLKOMMEN!
WERDE TEIL DES PROJEKTS.
GLOBETROTTER

GLOBETROTTER, BONN

Der Outdoor-Ausrüster hat bei der Gestaltung der jüngsten Filiale in Bonn voll auf Nachhaltigkeit gesetzt und den Re-Use-Gedanken konsequent verfolgt. Fast die gesamte Einrichtung des Vormieters wurde übernommen, kreativ umgestaltet und durch Materialien aus dem eigenen Bestand ergänzt.

LADENBAU **NEU GEDACHT**

»Alles raus und neu, das kann künftig nicht mehr der richtige Ansatz sein«, ist Globetrotter-Geschäftsführer Andreas Bartmann überzeugt, wenn es um Nachhaltigkeit im Ladenbau geht. Wie das aussehen kann, zeigt die jüngste Filiale, die der Outdoor-Ausrüster in Bonn eröffnet hat.

Beim Design des »Re:Think«-Stores hat Globetrotter nahezu alle vorhandenen Materialien des Vormieters Conrad Electronic und Restmaterialien kreativ umgestaltet – von einer großen Bärenskulptur im Eingangsbereich bis hin zur Teststrecke für Wanderschuhe. Die Umkleidekabinen sind aus Patchwork-Materialien gefertigt, unter anderem aus alten Werbebannern und Vorhängen. Fehlendes Inventar wurde aus dem Globetrotter-eigenen Lagerbestand entnommen oder gebraucht gekauft.

»Schon bei der ersten Besichtigung des Objekts trieb mich der Gedanke um, wir müssen uns ändern«, erzählt Bartmann. Globetrotter-CEO Andreas Vogler ergänzt: »Wir kennen sonst niemanden, der ein vergleichbares Projekt im Retail so konsequent umgesetzt hat.« Erneuert wurde allerdings die Beleuchtung – aus Gründen der Energieeffizienz. Unterstützt bei der Umsetzung und Entwicklung des Store-Konzepts wurde Globetrotter von Dan Pearlman und Loom Shopexpansion.

Das Thema Circular Economy treibt Globetrotter seit vielen Jahren um. Bereits 2019 wurde im Rahmen der Nachhaltigkeitsstrategie 2025 auch die Nachhaltigkeit der Filialen als wichtiger Baustein definiert. U.a. wurde gemeinsam mit der Environmental Protection Encouragement Agency (EPEA) die sogenannte Interior Design-Guideline, also der Anforderungskatalog für nachhaltigeren Ladenbau, überarbeitet und um Cradle to Cradle-Prinzipien ergänzt.

Wie viel CO_2 und Material die Weiternutzung tatsächlich einspart, wird durch die Experten von EPEA bewertet. »Der Interior Circularity Passport macht transparent, wie die Filiale in elementaren ökologischen Leistungsbereichen abschneidet und ist gleichzeitig eine gute Grundlage, damit wir unsere Nachhaltigkeitsleistung im Ladenbau auch perspektivisch weiter verbessern können«, so Nachhaltigkeitsmanager Fabian Nendza.

Bisher war Globetrotter in Bonn mit einem Outlet vertreten. Mit dem Umzug in die Karlstraße bietet die neue Filiale auf 2150 m² neben Outlet-Ware auch das gewohnte Globetrotter-Sortiment sowie Werkstatt, Clubhütte und 2nd Hand-Abteilung.

Karlstraße 33, 53115 Bonn | ERÖFFNUNG März 2023 | GRÖSSE 2150 m², davon 2000 m² Verkaufsfläche | ARCHITEKTUR Dan Pearlman | LADENBAU Loom Shop Expansion | LICHT Vedder Licht | FOTOS Globetrotter Ausrüstung

CHANEL

CHANEL, BEVERLY HILLS

Vor rund zehn Jahren weihte das Pariser Luxusmodeunternehmen Chanel am Rodeo Drive seinen Flagship-Store ein. Nun wurde der Laden in Beverly Hills von Grund auf umgebaut, erweitert und neugestaltet. Mit einer Fläche von rund 2790 m² ist es das größte Chanel Flagship in den Vereinigten Staaten und das erste mit neuem Konzept.

TWO-TONE AM RODEO DRIVE

Chanel blickt auf eine lange und bewegte Geschichte in Los Angeles zurück: 1931 bat der legendäre Studiochef Samuel Goldwyn Gabrielle Chanel, nach Hollywood zu kommen und die Schauspielerinnen des Studio United Artists einzukleiden. Der Beginn einer langen Verbindung, die bis heute nachwirkt: Der Store in Beverly Hills wurde komplett neugestaltet und erstrahlt als erster US-Standort mit neuem Konzept. Entworfen wurde das vierstöckige Gebäude von Architekt Peter Marino. Es soll die ganze Welt von Chanel abbilden, einschließlich des kompletten Sortiments von Mode, Uhren und Schmuck sowie Parfüm und Beauty.

Gebäude und Fassade erinnern an einen gestaffelten Würfel, der von einem mehrstöckigen Glasatrium durchbrochen wird und mit weißem kristallisiertem Glas verkleidet ist. Der Eingangsbereich führt über in einen weißen Raum mit schlanken Vitrinen und gläsernen Flächen, in denen Schmuck, Taschen, Düfte und andere Accessoires ausgestellt sind. Die Gestaltung spielt auf den für Chanel typischen Two-Tone an – eine Referenz an die zweifarbigen Slingback-Pumps in Beige und Schwarz aus den 50er-Jahren.

So trifft strahlend weißer Putz auf Bronzeguss, gewebte Textilien, grauen Lavastein und niedrige dunkle Tische aus versteinertem Holz und Harz von Ado Chale und Jean-Claude Dresse, über denen leuchtende Goossens Kronleuchter aus Bergkristall hängen. Der angeschlossene, mit Bäumen und Hecken begrünte Innenhof wird von drei Seiten umschlossen. Bodentiefe Fenster auf den Gebäudeseiten sorgen für Lichteinfall. Eine offene Treppe führt in die weiteren Etagen des Stores. So finden sich im ersten Stock Schuhe und Ready-to-wear, im dritten Stock zwei VIP-Suiten und Anproberäume. Im vierten Stock gibt es einen Dachgarten und ein Penthouse.

Auf der Fläche finden sich zahlreiche Designschätze, wie etwa schwarz und goldlackierte japanische Kurodana-Schränke aus der Edo-Periode, ein zeitgenössischer Couchtisch von Ingrid Donat oder »Tweed«-Lampen von Delos & Ubiedo. Auf dem Dach bilden schwarz gerahmte Aluminiumspaliere die Umrisse der Case Study Houses der Stadt nach und sollen so die optimale Umgebung für exklusive, private Veranstaltungen schaffen. Daneben gibt es zahlreiche Kunstwerke zu sehen, die die enge Verbindung des Hauses mit der Kunstwelt aufzeigen. Peter Marino hat alle Werke selbst ausgewählt oder in Auftrag gegeben.

Besonderes Highlight des vierstöckigen Raums ist das »Goldene Lasso«, eine überdimensionierte Perlenkette, die von der Decke in den ersten Stock fällt. Sie wurde vom französischen Künstler Jean-Michel Othoniel geschaffen und soll an die ikonischen Perlenketten von Mademoiselle Chanel erinnern. Darüber hinaus gibt es noch andere Werke, die sich über die gesamte Fläche verteilen.

400 North Rodeo Drive, Beverly Hills, Ca 90210, USA | ERÖFFNUNG Mai 2023 | GRÖSSE rund 2790 m² | ARCHITEKTUR, LADENBAU & LICHT Peter Marino | FOTOS Chanel

»Hier finden Sie alles, was Ihr Sportlerherz begehrt.« Mit diesem Slogan bewirbt Hagemeyer in Minden seine neue Sportwelt. Auf insgesamt 2000 m² Verkaufsfläche zeigt das Traditionsunternehmen seine breit gefächerte Sportkompetenz in einem coolen und authentischen Ambiente.

FREE FLOW IN MINDEN

Von Yoga bis Running, von Fitness bis Skilaufen – das Sportangebot von Hagemeyer in Minden ist breit gefächert. Diese hohe Sportkompetenz sollte auch bei der Neugestaltung der Sportwelt deutlich werden. Auf 2000 m², verteilt über zwei Etagen, präsentiert das Unternehmen sein Angebot für Sportbegeisterte. Bei der Neugestaltung, die im September 2023 abgeschlossen wurde, sollte unter Einbindung zeitgemäßer Technik ein zukunftsweisendes, modernes Sporterlebnishaus mit einem Höchstmaß an Modernität, Zeitgeist und Wohlfühlatmosphäre entstehen.

Dabei wurden die Flächen passend zu den Sportarten gestaltet. Im Erdgeschoss haben Fitness, Running und Yoga ihren Platz gefunden. Große Schaufenster und halbtransparente Wände geben den Blick auf die Fläche schon von draußen aus dem Einkaufscenter frei. Großformatige Screens lassen sich mit den zu den Sportarten passenden Bildern bespielen. Metallwände und eine immer wieder kehrende Gitterstruktur, mal aus Metall, mal aufgesprayt, sorgen für einen Wiedererkennungswert und vermitteln ein cooles und sportliches Ambiente. Farblich dominieren Grau- und Metalltöne, durchbrochen von einzelnen Akzentfarben wie etwa in der Damenabteilung verschiedenen Rotnuancen oder Gelbtönen in der Laufschuhabteilung.

Im Untergeschoss haben die Storedesigner hingegen – passend zum Sortiment Outdoor und Bergsportbekleidung – verstärkt auf Holz gesetzt. Die niedrige Raumhöhe hatte eine besondere Herausforderung bei der Gestaltung der Sportwelt bedeutet. Letztlich entschieden sich Planer und Bauherren für eine Öffnung der Decke. Jetzt gehört die neugestalte Decke zu den Highlights der neuen Sportwelten: Der Mix aus Holzlamellen und von der Decke abgeseilter Lichtinstallation ist ein Hingucker im Untergeschoss. Gleichzeitig trägt das Holz in Kombination mit anderen natürlichen Materialien bei Rückwänden und Möbeln zu einem naturverbundenen Ambiente bei.

Auf der gesamten Fläche arbeiten die Ladengestalter zudem mit authentischen Elementen aus dem Sportbereich. So werden Kletterseile in Signalfarben schon einmal als Verbindungselemente bei Warenträgern eingesetzt. Dass dabei immer die sportbegeisterten Kundinnen und Kunden im Zentrum stehen, wird durch die Silhouetten an den Wänden verdeutlicht: Während in der Running-Abteilung der Schatten eines Läufers förmlich vorbeihuscht, sorgt die Silhouette einer Frau im Lotussitz in der Umkleidekabine in der Yoga-Abteilung für einen Moment der Ruhe.

Scharn 9–17, 32423 Minden | ERÖFFNUNG September 2023 | GRÖSSE 2000 m² | ARCHITEKTUR Blocher Partners | LADENBAU Knoblauch | LICHT Elan | FOTOS Joachim Grothus

BOTTEGA VENETA, PARIS

Premiere in Paris: Kürzlich eröffnete der erste Store, den Matthieu Blazy für Bottega Veneta entworfen hat. Er verbindet italienische Handwerkskunst mit modernistischer Sensibilität und nimmt die Besucher mit auf eine fantasievolle Reise durch die Vergangenheit, Gegenwart und Zukunft.

BLAZYS 2001: **ODYSSEE IM WELTRAUM**

Der ikonische Standort in der Avenue Montaigne wurde umfangreich umgebaut und vergrößert. Das Design stammt aus der Feder von Matthieu Blazy, der Ende 2021 zum Kreativdirektor von Bottega Veneta ernannt wurde, nachdem der vorherige Designer Daniel Lee das Unternehmen verlassen hatte.

Auf der rund 800 m² großen Fläche, die sich über zwei Etagen erstreckt, setzt der kreative Chef des Luxusmodeunternehmens auf zwei wesentliche Materialien: Glas aus Venedig und italienisches Walnussholz. Quadratische Glasblöcke als Boden, Decke und Wände schaffen eine optische Gittergeometrie und sorgen für ein diffuses, homogenes Licht im gesamten Store. Paneele aus Walnussholz rahmen die Glasbausteine ein und sorgen für die optische Trennung zu Treppenhaus und Schmuckgalerie.

Ebenfalls charakteristisch für Blazys Vision von Bottega Veneta: Das Spiel mit Volumen und Größe. Es zieht sich durch die ganz Fläche – Spaceshuttle und kosmische Abenteuer treffen auf gemütliche, intim gestaltete Bereiche.

Im Mittelpunkt des Konzepts: ein heller, offener Verkaufsraum, der mit gemütlichen Sitzbereichen unterbrochen und von intimen VIP- und Umkleideräumen flankiert wird. In dem sanft gewellten Galeriekorridor schaffen geschwungene Formen und die einheitliche Verwendung von Holz eine Umgebung mit ruhiger Atmosphäre.

Im gesamten Flagship-Store finden sich Referenzen an die Verbindung der Marke mit dem Handwerk. Sie zeigen sich in Einzelanfertigungen von Möbeln und Einrichtungsgegenständen wie den Hängeschienen aus Holz und Glas, die von venezianischen Kunsthandwerkern maßgefertigt wurden. Sie finden sich bereits beim Betreten des Stores: Die Eingangstür ist mit einem Glasgriff des in Venedig lebenden japanischen Glaskünstlers Ritsue Mishima versehen.

Darüber hinaus greifen Messinghaken und -griffe auf der Fläche das Tropfen-Motiv von Blazy auf, während einzelne Tropfen auf den Spiegeln Reflexionen erzeugen, die an die aquatische Stadtlandschaft von Venedig erinnern sollen. Die weichen Texturen der Ledersitzmöbel und Wollteppiche erinnern überdies an die Bottega Veneta-Kollektionen, während modulare Regale zum Entdecken einladen.

Verkauft werden alle Produktkategorien von Bottega Veneta im renovierten Flaggschiff. Zum Angebot gehört auch ein neuer Personalisierungsservice für ausgewählte Lederwaren.

12 Avenue Montaigne, 75008 Paris, Frankreich | ERÖFFNUNG September 2023 | GRÖSSE 800 m², zwei Etagen | ARCHITEKTUR, LADENBAU & LICHT keine Angaben | FOTOS Bottega Veneta

THE SQUARE, BERLIN

Der Berliner Designer-Store The Corner präsentiert sich an altem Standort mit komplett neuem Konzept. Nicht nur der Name – aus The Corner wird The Square – erfährt einen Relaunch, auch Interieur und Sortiment werden komplett neu aufgesetzt. Neben Bekleidung bekannter Luxusmarken bekommen Möbel sowie Kunst- und Interior-Objekte deutlich mehr Raum.

LUXUS IN BEWEGUNG

»Das bestehende Konzept war 18 Jahre alt. Es war Zeit für eine neue Vision. Man muss sich einfach immer wieder erneuern«, begründet Emmanuel de Bayser Umbau und Rebranding seines Luxus-Stores in Berlin unweit der Friedrichstraße. Die roughe, industrielle, loftartige Anmutung ist einer weicheren, lichteren, leichteren, wohnlichen Handschrift gewichen. Alles ist in helle Offwhite- und Elfenbein-Nuancen getaucht. Eingezogene Arkaden-Bögen verleihen dem Raum eine völlig neue Wahrnehmung.

Mehr Weite und Raumtiefe entstehen auch dadurch, dass aus zwei Ebenen eine wurde. Die Raumhöhe beträgt rund sechs Meter. Die bodentiefen Fenster sorgen für viel Helligkeit. Regale und Wandschränke sind in lackiertem, elfenbeinfarbenem Holz mit Travertin-Böden gefertigt. Alles wirkt wie in einem großen Wohnzimmer

eines Luxus-Apartments. »Man soll sich willkommen fühlen wie in einem Loft. Die Atmosphäre soll viel individueller und persönlicher sein, sodass die Kunden auch gerne länger bei uns bleiben wollen«, sagt de Bayser.

Dieser Anspruch wird nicht nur durch das Interieur, sondern auch die Neuausrichtung des Sortimentes erreicht. So wird der Mode-Part, der nach wie vor die großen internationalen Designermarken wie Celine, Balenciaga, Saint Laurent, Bottega Veneta, Loewe, Dior und viele mehr bündelt, künftig sehr viel stärker von Möbeln, Kunst- und Interior-Objekten arrondiert. Im ganzen Store verteilt sind immer wieder großzügige Sofas, die nicht nur zum Verweilen einladen, sondern wie alle Teile auch zum Verkauf angeboten werden. Auch Skulpturen, Tableware, Kerzenhalter und Glas und Silber aus Venedig sowie ganze Dinner Tables mit entsprechendem Gedeck gehören zum Portfolio.

Die Store-Möbel stammen vor allem von der Pariser Interior-Design-Agentur Pierre Augustin Rose, die für das gesamte Interieur-Konzept des Ladens verantwortlich zeichnet, das von der Berliner Architektin Anna Maske mitentwickelt und umgesetzt wurde. Weitere Namen im Sortiment sind Möbel von Pierre Jeanneret und Jean Prouvé, Kunst-Skulpturen, unter anderem von Thomas Junghans, Nicolas Lefebvre und Laetitia de Bazelaire, Design-Objekte von Rick Owens, Ann Demeulemeester und Kirsten Landwehr sowie Tableware von David Chipperfield, Yali Glass, Missaglia 1846 und anderen. Beauty, Düfte und Bücher bleiben ebenfalls Bestandteil des Angebots.

Neu außerdem: The Square bietet künftig auch komplette Einrichtungskonzepte für Wohnungen an. Alle sechs Monate soll es zudem wechselnde Kunstausstellungen im neuen Laden geben. Unter The Square wurde zudem ein eigener Online-Store lanciert, den es bislang nicht gab. »Wir haben in der Pandemie gesehen, dass unsere Kundinnen und Kunden viel online gekauft haben. Es hat sich viel verändert. Heute ist es leichter, einen Online-Store zu starten und es ist ein gutes, weiteres Tool für unsere internationalen Kunden«, sagt The Square-Macher Emmanuel de Bayser.

Französische Straße 40, 10117 Berlin | ERÖFFNUNG Oktober 2022 | GRÖSSE 700 m², drei Etagen | ARCHITEKTUR Emmanuel de Bayser, Anna Maske, Pierre Augustin Rose | LADENBAU & LICHT keine Angaben | FOTOS Mark Seelen

Großes Kino für große Projekte
Unser Wertversprechen: Erleben Sie mit uns großes Kino von der Planung bis zur Umsetzung. Unsere Leidenschaft für Kreativität und unsere Expertise im Ladenbau ermöglicht es uns, Ihre Visionen in eine einzigartige Erfahrung zu verwandeln.
Von der Planung über die Fertigung bis zur Umsetzung bieten wir filmreife Ergebnisse, die Ihre Kunden begeistern werden.
Wir garantieren Ihnen, dass Sie von unserem Service begeistert sein werden, denn bei der Kunze Group steht Kundenzufriedenheit an erster Stelle!
Nutzen Sie unsere Website, um sich von unseren Referenzen inspirieren zu lassen und kontaktieren Sie uns für eine unverbindliche Beratung.
Seien Sie Teil unserer Erfolgsgeschichte, denn mit der Kunze Group wird Ihr Projekt zum Blockbuster!
KUNZE
Ladenbau
Architektur
Werkstätten
Kunze GmbH | Daimlerstraße 5A | 25337 Elmshorn | Telefon +49 (0) 41 21 - 79 06-0 | www.kunze-group.eu